工业信息安全与发展系列丛书

中国人工智能创新链产业链技术专利发展研究

李慧颖 黄蕴华 著

电子工业出版社
Publishing House of Electronics Industry
北京·BEIJING

未经许可，不得以任何方式复制或抄袭本书之部分或全部内容。
版权所有，侵权必究。

图书在版编目（CIP）数据

中国人工智能创新链产业链技术专利发展研究 / 李慧颖，黄蕴华著. -- 北京：电子工业出版社，2024. 6. （工业信息安全与发展系列丛书）. -- ISBN 978-7-121-48254-0

Ⅰ．F269.23；F252.1

中国国家版本馆 CIP 数据核字第 2024Z22W33 号

责任编辑：张　迪（zhangdi@phei.com.cn）
印　　刷：中国电影出版社印刷厂
装　　订：中国电影出版社印刷厂
出版发行：电子工业出版社
　　　　　北京市海淀区万寿路 173 信箱　邮编　100036
开　　本：720×1 000　1/16　印张：13.75　字数：264 千字
版　　次：2024 年 6 月第 1 版
印　　次：2024 年 6 月第 1 次印刷
定　　价：98.00 元

凡所购买电子工业出版社图书有缺损问题，请向购买书店调换。若书店售缺，请与本社发行部联系，联系及邮购电话：(010) 88254888，88258888。

质量投诉请发邮件至 zlts@phei.com.cn，盗版侵权举报请发邮件至 dbqq@phei.com.cn。

本书咨询联系方式：(010) 88254469，zhangdi@phei.com.cn。

前言

人工智能（AI）从最初的逻辑推理和计算智能，发展到如今的感知智能，AI 技术创新不断突破边界。2022 年年底，以 ChatGPT 发布为标志的大语言模型和生成式 AI 横空出世，再次推高了我们对机器智能的认知。大语言模型让我们与机器的交流变得自然流畅，仿佛与挚友交谈一般；而生成式 AI 则以其惊人的认知创造力，为我们带来了前所未有的智能体验。人工智能正在成为引领新一轮科技革命和产业变革的关键力量。它如同春风，吹遍人类社会的每一个角落，让我们对未来充满了无限的遐想与期待。可以说，我们正在迎接一个全新的智能时代，人工智能的发展将更加多元、更加深入、更加普遍，重塑我们的生活方式和工作模式，并成为驱动经济社会发展的新引擎。

我国拥有完备的工业体系和超大的市场规模，同时也是全球重要的科技大国。2024 年 1 月，习近平总书记在中共中央政治局第十一次集体学习时强调，"发展新质生产力是推动高质量发展的内在要求和重要着力点，必须继续做好创新这篇大文章，推动新质生产力加快发展"。当前，人工智能不仅是新一轮科技革命的重要驱动力量，而且已成为一种全新的生产力和全新的"基础设施"。未来的产业经济生态，人们的生活和工作场景都将建立在这个新基础设施之上，虚实边界将逐渐消融，制造和服务会相互渗透，应用场景将被重新定义。因此，我们对人工智能的发展寄予厚望，希望 AI 能够以一种普慧化的形式赋能千行百业，催生新产业、新模式、新动能。2024 年，《政府工作报告》首次提出"人工智能+"行动。从2015年《政府工作报告》提出"互联网+"到如今的"人工智能+"行动，代表着我国顶层战略的最新发展，表明了国家对发展人工智能的高度重视和大力支持。

"人工智能+"可以理解为人工智能技术创新和产业应用两大支柱，技术创新体现的是新质生产力，产业应用则是新质生产力与生产关系的结合，是实现中国式现代化的必然途径。在技术创新方面，我国已成为全球人工智能创新的重要来源。在人脸识别、语音识别、自然语言处理等领域，我国达到了世界领先水平；深度学习、神经网络等核心技术的研发也取得了重要突破，我国已经成为继美国之后，大模型领域的重要竞争者，百度的"文心一言"、阿里的"通义千问"、华为的"盘古"、科大讯飞的"星火认知"等大语言模型相继推出。这些创新成果不仅推动了我国人工智能技术的发展，也为全球人工智能的进步做出了重要贡献。在产业应用方面，从硬件制造到算法开发，从数据服务到应用场景，我国人工智能产业链也在不断完善。智能制造是我国制造业转型升级的重要手段，人工智能在智能制造中的应用已经取得了显著成效，提高了制造过程的智能化、自动化水平，降低了生产成本，提高了产品质量。在智慧金融、智慧教育、智慧医疗等领域，人工智能的应用也已深入人心，为人们提供了更加便捷、高效的服务。特别是在抗击新冠疫情的过程中，人工智能技术发挥了重要作用，为疫情防控和复工复产提供了有力支持。

同时，我们也清晰地认识到关键核心技术是要不来、买不来、讨不来的，唯有加强自主创新，才能牢牢掌握发展的主动权。我们清晰地认识到人工智能等颠覆性技术正进入加快向现实生产力转化的窗口期，需要深度融合创新链和产业链，全面促进科技创新与产业创新协同发展。

专利是技术创新的重要载体，也是科技与产业联系的重要纽带。通过对我国人工智能专利数据的挖掘和分析，我们可以更加清晰地洞悉人工智能技术的创新动态、产业布局和发展趋势。我们希望通过专利视角，关注并探索

"人工智能+"的建设需求。在编写本书的过程中,我们始终注重从我国经济社会发展现实需求出发,努力回应前行道路上的挑战与未知。例如,如何科学准确地评估我国人工智能创新链产业链的发展实际?如何实现资源共享、优势互补?如何定位短板,消除破绽?从哪些方面可以构建更高效、协同的创新链与产业链融合机制?这些都是我们思考并希望回答的问题。

本书沿着创新链、产业链这一主线,对我国人工智能专利进行了系统研究。上篇聚焦人工智能创新链,分别从人工智能基础通用技术、关键领域技术、支撑技术方面描绘我国人工智能技术创新的全貌,并构建高价值专利评估体系,深入解析人工智能创新的趋势动向;下篇聚焦人工智能产业链,围绕智慧城市、智慧交通、智慧医疗、智慧金融、智慧工业、智慧教育、智慧农业七大应用场景展开重点研究,并对元宇宙和数字人两个新兴领域进行了专利分析,采用定性与定量相结合的方法展现了我国人工智能产业应用的全貌;最后,围绕创新链、产业链融合,从专利视角进行了总结和展望。希望这本书的编写,能够为我国人工智能创新链与产业链的融合发展贡献自己的思考和探索,也期待对促进人工智能尤其是知识产权的相关问题的认识和讨论有所裨益。

本书由李慧颖和黄蕴华著。在编写本书的过程中,得到了王媛媛、高雪松、鲁莎、王斌、董冠英、张然、李增冉、白泽坤、李河言等人的帮助,在此表示感谢。

人工智能的发展范式已然改变,让我们携手共进,共同迎接这个充满智能与创造力的新时代!

李慧颖

国家工业信息安全发展研究中心

上篇　中国人工智能创新链专利研究

01 第1章　人工智能技术创新与知识产权发展概述　003

1.1　人工智能技术　003

1.2　人工智能与知识产权　007

02 第2章　人工智能高价值专利创新驱动力评价　013

2.1　高价值专利评价概述　013

2.2　人工智能高价值专利及其创新驱动力评价　016

03 第3章　人工智能技术中国专利总体态势　025

3.1　专利创新总体态势分析　025

3.2 专利创新生态支撑分析 031
3.3 高价值专利总体态势分析 035
3.4 代表性创新主体高价值专利 044

04
第 4 章 AI 创新链基础通用技术中国专利分析 049

4.1 深度学习技术 049
4.2 知识图谱技术 058
4.3 智能芯片技术 064
4.4 量子计算技术 071

05
第 5 章 AI 创新链关键领域技术中国专利分析 079

5.1 自然语言处理技术 079
5.2 智能语音技术 086
5.3 计算机视觉技术 093
5.4 智能推荐技术 099

06
第 6 章 AI 创新链支撑技术中国专利分析 107

6.1 智能云技术 107
6.2 大数据技术 114

下篇 中国人工智能产业链专利研究

07
第 7 章 人工智能双链驱动数字经济高质量发展 … 123

7.1 人工智能在数字经济时代凸显"头雁效应" … 123
7.2 AI 创新链与产业链驱动数字经济迈入新阶段 … 126
7.3 高价值专利为 AI 创新链与产业链全面融合保驾护航 … 131

08
第 8 章 AI 专利助力培育新兴应用场景，推动产业链转型升级 … 137

8.1 AI 创新链产业链融合应用场景丰富 … 137
8.2 AI 专利助力产业应用场景落地 … 139

09
第 9 章 AI 产业链发展加快推进技术场景化应用 … 143

9.1 AI 专利加速覆盖智慧城市建设 … 143
9.2 AI 专利夯实智慧交通出行数字底座 … 149
9.3 AI 拓展智慧医疗服务边界 … 156

9.4　AI 助力智慧金融服务普及　　　　　　　　　　　162

9.5　AI 引领智慧工业数字化新生态　　　　　　　　169

9.6　AI 成为智慧教育新模式标配　　　　　　　　　174

9.7　AI 在智慧农业中的产品服务初步涌现　　　　　180

10

第 10 章　新兴人工智能技术应用　　　　　　　　　　　　　185

10.1　元宇宙：开辟数字经济发展新赛道　　　　　　185

10.2　数字人：生成数字经济发展新动能　　　　　　193

11

第 11 章　总结与展望　　　　　　　　　　　　　　　　　　　201

11.1　我国人工智能核心专利技术有待突破，布局世界人工智能
　　　创新链关键环节　　　　　　　　　　　　　201

11.2　构筑我国人工智能高价值专利培育体系和引导机制，
　　　推进人工智能双链高质量增长　　　　　　　203

11.3　人工智能与其他信息技术持续融合发展，人工智能知识
　　　产权生态有待进一步建设　　　　　　　　　204

11.4　中小企业有望成为突破关键技术的重要力量，大中
　　　小企业共同完善产业链专利布局　　　　　　205

11.5　创新链产业链深度融合，专利运用不断开辟人工智能
　　　新领域新赛道　　　　　　　　　　　　　　206

11.6　增强知识产权预警意识，维护我国人工智能创新链
　　　产业链安全发展　　　　　　　　　　　　　208

上篇 中国人工智能创新链专利研究

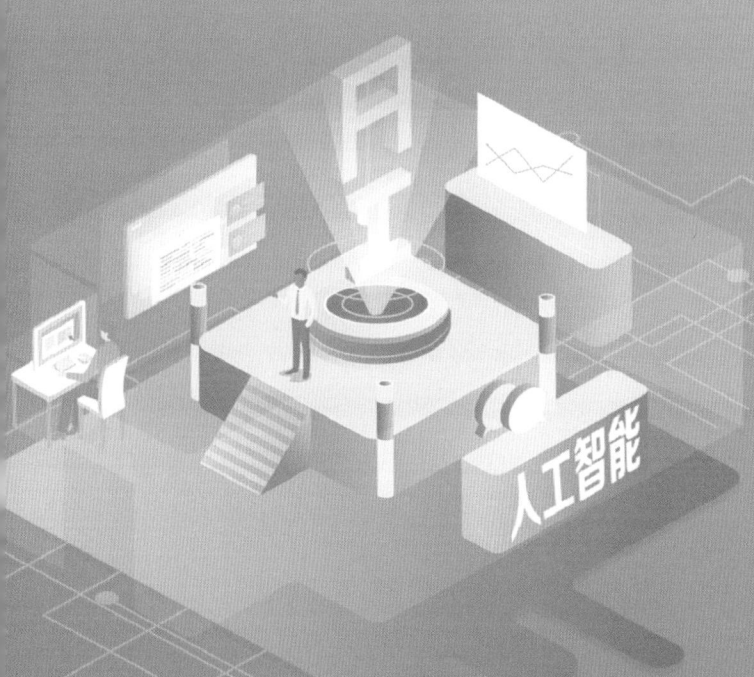

第 1 章
人工智能技术创新与知识产权发展概述

1.1 人工智能技术

人工智能（Artificial Intelligence，AI）是指利用数字计算机或数字计算机控制的机器，模拟、延伸和扩展人的智能的一门科学。它涉及感知环境、获取知识，并使用知识获得最佳结果的理论、方法、技术以及应用系统。2018年9月17日，习近平总书记在致世界人工智能大会的贺信中指出："新一代人工智能正在全球范围内蓬勃兴起，为经济社会发展注入了新动能，正在深刻改变人们的生产生活方式。"

1.1.1 人工智能技术及创新链概述

2020年7月27日，国家标准化管理委员会、中央网信办、国家发展改革委、科技部、工业和信息化部联合发布《国家新一代人工智能标准体系建设指南》（以下简称《指南》）。依据《指南》，人工智能标准体系结构被详细分为基础共性、支撑技术与产品、基础软硬件平台、关键通用技术、关键领域技术、产品与服务、行业应用、安全/伦理八个部分。根据行业惯例，可将人工智能产业涉及的所有人工智能技术归纳为基础通用技术、关键领域技术、应用技术和支撑技术四类，如图1所示。

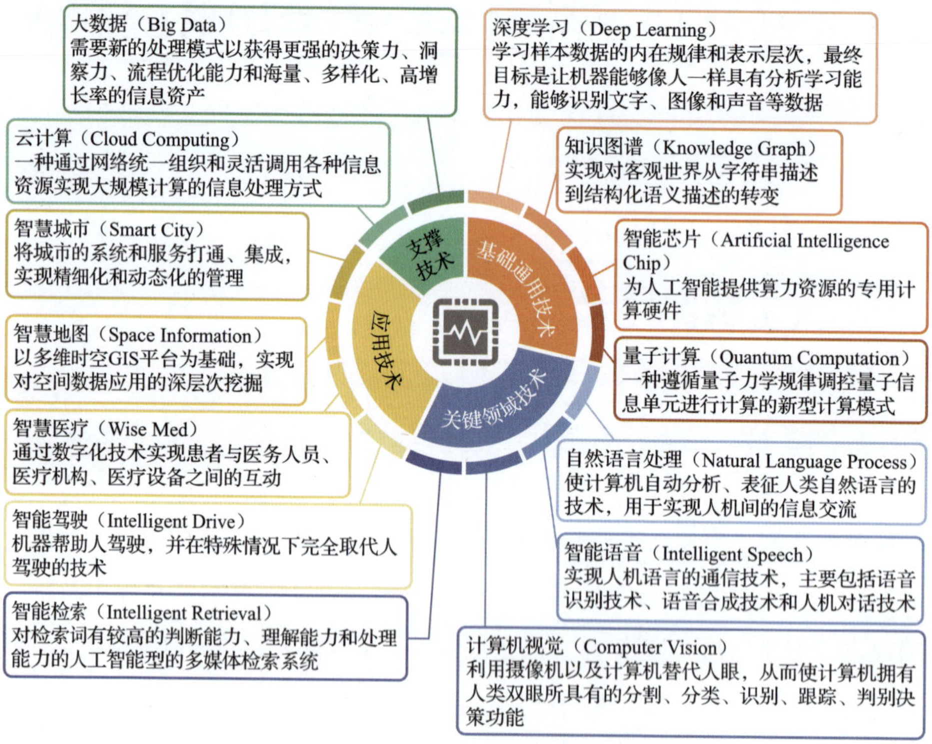

大数据（Big Data）
需要新的处理模式以获得更强的决策力、洞察力、流程优化能力和海量、多样化、高增长率的信息资产

深度学习（Deep Learning）
学习样本数据的内在规律和表示层次，最终目标是让机器能够像人一样具有分析学习能力，能够识别文字、图像和声音等数据

云计算（Cloud Computing）
一种通过网络统一组织和灵活调用各种信息资源实现大规模计算的信息处理方式

知识图谱（Knowledge Graph）
实现对客观世界从字符串描述到结构化语义描述的转变

智慧城市（Smart City）
将城市的系统和服务打通、集成，实现精细化和动态化的管理

智能芯片（Artificial Intelligence Chip）
为人工智能提供算力资源的专用计算硬件

智慧地图（Space Information）
以多维时空GIS平台为基础，实现对空间数据应用的深层次挖掘

量子计算（Quantum Computation）
一种遵循量子力学规律调控量子信息单元进行计算的新型计算模式

智慧医疗（Wise Med）
通过数字化技术实现患者与医务人员、医疗机构、医疗设备之间的互动

自然语言处理（Natural Language Process）
使计算机自动分析、表征人类自然语言的技术，用于实现人机间的信息交流

智能驾驶（Intelligent Drive）
机器帮助人驾驶，并在特殊情况下完全取代人驾驶的技术

智能语音（Intelligent Speech）
实现人机语言的通信技术，主要包括语音识别技术、语音合成技术和人机对话技术

智能检索（Intelligent Retrieval）
对检索词有较高的判断能力、理解能力和处理能力的人工智能型的多媒体检索系统

计算机视觉（Computer Vision）
利用摄像机以及计算机替代人眼，从而使计算机拥有人类双眼所具有的分割、分类、识别、跟踪、判别决策功能

图1 人工智能技术分类

从图1可以看出基础通用技术主要包括深度学习、智能芯片、知识图谱、量子计算等；关键领域技术主要包括自然语言处理、智能语音、计算机视觉、智能检索等；支撑技术涵盖了大数据、云计算等。以上人工智能创新链技术共同构建了人工智能发展的技术框架，成为推动人工智能产业创新发展的重要支撑。

在人工智能技术不断突破和产品不断涌现的过程中，创新主体、专利及人才三大要素在人工智能创新链中扮演着关键角色。创新主体是人工智能专利的重要来源，也是推动专利运用的核心主体。专利则是人工智能技术创新的重要体现，同时也是保护创新的制度基础。而人才是技术创新的根本源泉。因此，创新主体、专利以及人才等是人工智能高价值专利从孕育到应用等全流程的核心要素，成为人工智能创新链发展的重要支撑。

1.1.2　人工智能技术创新现状

技术创新是推动人工智能产业发展的核心力量。当前，新一代人工智能技术正在迎来发展的"奇点"，表现为爆发式增长，并被广泛认为是新科技和产业变革的颠覆力量，这种发展趋势将推动人工智能迎来生成、创造能力的新阶段，甚至可能开启人工智能具备类似人类的创造力的新篇章。人工智能技术的发展也将成为推动经济增长、构筑科技创新、带动产业升级的"基石力量"。因此，全球科技强国和产业巨头都在积极推动人工智能技术的研发和生态布局，力图抢占人工智能相关产业发展的制高点。

目前，人工智能领域处于技术发展期，这一阶段的特征是市场扩大、企业增多、技术分布范围扩大。技术发展表现为大量的相关专利申请和专利申请人数量的激增。同时，技术发展期也意味着所属技术领域存在的各种问题会逐步得到解决，效率得到提升，社会认可度提高，发展潜力开始显现。在这个阶段，需要不断投入人力和财力对该领域技术进行改进和完善，以适应市场需求和提升竞争力。人工智能创新生态包括纵向的数据平台、开源算法、计算芯片、基础软件、图形处理器等技术生态系统和横向的智能制造、智能医疗、智能安防、智能零售、智能家居等商业和应用生态系统。

2023年世界人工智能大会治理论坛上发布的《2022全球人工智能创新指

数报告》中指出，我国的人工智能创新指数连续三年在参评国家中排名第 2，仅次于美国。报告主要强调了我国在人才、教育、专利产出等方面的进步：在人才方面，我国建立了完善的人才体系，为人工智能的发展提供了强有力的人才支撑；在教育方面，我国加强了对人工智能相关专业的建设和投入，提高了教育质量和水平，为人工智能领域输送了更多的优秀人才；在专利产出方面，我国人工智能专利申请数量和授权数量均呈现快速增长的趋势，这表明我国在人工智能技术创新方面取得了显著进展。在创新制度方面，我国不断完善人工智能领域的政策法规和创新体系，为人工智能的创新和发展提供了良好的制度环境。

此外，我国在人工智能产业化进程中也取得了显著进展。报告显示，参评国家的人工智能企业总数和人工智能从业人口总数继续增长，且增幅均有所扩大。而我国作为全球人工智能发展的重要力量，其人工智能企业数量和从业人员数量也呈现快速增长的趋势。

1.1.3　新时期我国人工智能技术发展趋势

未来，人工智能将逐步实现认知智能，甚至接近通用人工智能的阶段。过去十年感知增强智能（感知智能）已基本实现，但这是建立在通过各种传感器获取信息的基础上的，是感知智能的一个阶段。未来，人工智能将朝着具有推理性、可解释性、认知能力的方向发展。全球范围内，包括美国、中国、英国、日本、德国、加拿大等在内的 10 余个国家和地区已经发布了人工智能领域的国家发展战略或政策规划，这将进一步推动人工智能的未来发展。未来十年人工智能领域的重点发展方向包括模型技术、深度学习、神经形态硬件、知识图谱、智能机器人、可解释性人工智能、数字伦理等。

鼓励人工智能技术创新，突破核心技术瓶颈。 人工智能相关技术逐步成为"事关国家安全和发展全局的基础核心领域"。为进一步推动突破我国人工智能核心技术中的不足和短板，"十四五"期间通过一批具有前瞻性、战略性的国家重大科技项目，带动产业界逐步突破前沿基础理论和算法，研发专用芯片，构建深度学习框架等开源算法平台，并在学习推理决策、图像图形、语音视频、自然语言识别处理等领域创新与迭代应用。根据 2017 年 7 月国务院印发的《新一代人工智能发展规划》提出的三步走战略目标：到 2025 年人工智能基础理论实现重大突破，部分技术与应用达到世界领先水平，人工智能成为带动我国产业升级和经济转型的主要动力，智能社会建设取得积极进展；到 2030 年人工智能理论、技术与应用总体达到世界领先水平，成为世界主要人工智能创新中心，智能经济、智能社会取得明显成效，为跻身创新型国家前列和经济强国奠定重要基础。

1.2 人工智能与知识产权

2021 年 2 月，习近平总书记在第 3 期《求是》杂志上发表了《全面加强知识产权保护工作 激发创新活力推动构建新发展格局》的文章。文章中提出，当前，我国正在从知识产权引进大国向知识产权创造大国转变，知识产权工作正在从追求数量向提高质量转变。文章还指出，创新是引领发展的第一动力，保护知识产权就是保护创新。2021 年 9 月 24 日，习近平总书记在向中关村论坛致辞的视频中再次强调，"中国高度重视科技创新，致力于推动全球科技创新协作，将以更加开放的态度加强国际科技交流，积极参与全球创新网络，共同推进基础研究，推动科技成果转化，培育经济发展新动能，加强知识产权保护，营造一流创新生态，塑造科技向善理念，完善全球科技治理，更好增进人类福祉。"

2021年9月22日，中共中央、国务院印发了《知识产权强国建设纲要（2021—2035年）》。此后，知识产权强国战略在各层次各领域密集落地、积极推进：在国际合作领域，2022年5月5日，《工业品外观设计国际注册海牙协定》（以下简称《海牙协定》）和《关于为盲人、视力障碍者或其他印刷品阅读障碍者获得已出版作品提供便利的马拉喀什条约》（以下简称《马拉喀什条约》）正式生效，我国更加深入地融入全球知识产权体系。在国内深化改革方面，2022年以来《专利开放许可试点工作方案》《专利开放许可使用费估算指引》相继推出，专利开放许可工作全面推进。2022年10月，科技部印发《"十四五"技术要素市场专项规划》，提出要建成中国技术交易所、上海技术交易所和深圳证券交易所三个国家知识产权和科技成果产权交易机构，知识产权成果转化工作得到更多金融支持。同月，党的二十大报告强调："加强知识产权法治保障，形成支持全面创新的基础制度。"2023年，"国务院机构改革方案"提出"将国家知识产权局调整为国务院直属机构"。一系列重大举措，充分说明知识产权在国家构建新型发展格局中的战略作用，同时也为人工智能技术创新和保护提供了总的纲领和行动指南。

当前，我国人工智能产业已具备蓬勃的发展势能，面临着难得的发展机遇。但同时，也面临着基础技术薄弱、与实体经济融合门槛高的问题，特别是在国际巨头的科技竞争和知识产权博弈中，面临的挑战尤为严峻。因此，更加需要加强知识产权保护，提升专利价值，深化专利运用，以进一步激发创新活力，防范侵权风险，推动人工智能产业的高质量发展。

1.2.1　促进人工智能专利从"高数量"到"高价值"的转变

国家知识产权局发布的《2022年中国专利调查报告》显示，我国专利转移转化总体成效稳中有升。2022年我国有效发明专利产业化率达36.7%，较上年提高1.3个百分点；我国有效发明专利许可率为12.1%，较上年提高1.7个百分点；企业发明专利企业化率为48.1%，较上年提高1.3个百分点，较2018年提高3.1个百分点。然而，我国企业在海外专利布局和知识产权纠纷应对能力仍面临挑战。调查显示，我国企业境外专利布局比例低于出口产品比例，这导致出口产品知识产权保护不足，增加了企业"走出去"时的知识产权风险。同时，企业引进境外专利技术的比例高于输出，且国外优质专利技术难以引进。这些问题表明我国发明专利质量有待提升，发明专利对创新和社会高质量发展的推动作用有限。

2021年4月，国家知识产权局战略规划司司长葛树在接受新华社记者专访时，首次给出了对于"高价值"发明专利统计范围的官方理解，即战略性新兴产业的发明专利、在海外有同族专利权的发明专利、维持年限超过10年的发明专利、实现较高质押融资金额的发明专利、获得国家科学技术奖或中国专利奖的发明专利。同年10月29日，国务院印发的《"十四五"国家知识产权保护和运用规划》，在提出"十四五"时期知识产权发展主要指标时，再次明确了上述五条可作为统计"每万人口高价值发明专利拥有量"的统计指标。然而，"高价值"专利是市场竞争的产物，打造"高价值"专利需要从规范政策制度体系、鼓励面向市场的创新、加强产学研深度融合以及注重专利运营等方面加大力度。

在人工智能产业领域，实现高质量创造是培育"高价值"专利、促进产业整体发展的基础。这意味着在技术研发过程中，需要充分运用专利信息，以确定研发的起点、重点和方向，避免低水平研究和创新资源的浪费。

1.2.2　人工智能"高价值"专利推动我国数字经济与实体经济深度融合

重视人工智能"高价值"专利，有利于加快激活数字经济潜能，加速推动我国数字经济与实体经济的进一步融合。当前，数据已经成为与传统的劳动力、资金、土地等并列的生产要素，具备体量大、更新速度快、不受时空限制等特点。人工智能领域的"高价值"专利代表着核心技术，这些专利的关键作用在于充分激发数据潜能。

在推动数字经济与实体经济深度融合的过程中，人工智能领域的"高价值"专利将继续发挥核心数字技术的优势，以数据赋能为主线，以数据为关键要素，推动产业链上下游全要素的数字化转型升级。这将进一步促进融合发展向深层次演进，逐步构建以实体企业为主体、覆盖全产业链的新兴产业组织平台。

1.2.3　人工智能"高价值"专利助力我国人工智能核心技术突破创新

专利的核心是排他性，专利权人通过一定时间和地域的排他权利，获得垄断性收益，实现专利的价值。

人工智能领域的"高价值"专利的优势在于其具有较高的技术、经济和法律价值，可以从技术进化、经济收益、技术壁垒等方面帮助营造人工智能核心技术突破创新的肥沃土壤。"高价值"专利具有更好的技术价值和经济价值，可以极大地促进人工智能技术成果的转化，实现人工智能产业发展的良性循环。具有较高技术价值的"高价值"专利对行业有较强的影响力和控制力，可以使企业在当下或预期的未来能够在市场上应用这些技术并因此获得主导地位和竞争优势，甚至获得巨额收益，从而实现"高价值"专利的高经济价值。因此，人工智能技术的"高价值"专利是推动人工智能产业乃至整个经济社会的高质量发展的重要支撑。此外，"高价值"专利具有更高的法律价值，可以在人工智能技术领域提供具有更多真正价值的、坚实的法律保障。这一方面有利于保护和激发科研人员的积极性和创造性，在全社会形成尊重知识、尊重人才、保护创新创造的浓厚氛围，激励潜心钻研，鼓励原始创新；另一方面可以促进技术结构优化，逐步形成全面、扎实的技术基础，促进人工智能技术的进一步创新。

1.2.4 人工智能"高价值"专利赋能我国人工智能产业战略性发展

在当前风云变幻的国际形势下，科技创新已成为大国之间竞争的核心。一些西方发达国家把知识产权视为重要手段，试图通过技术壁垒、技术管制、实体清单、严格审查和限制科技交流与合作等方式，对我国的科技创新进行全方位打压，尤其是在集成电路和相关信息产业领域。5G、人工智能等关键技术已成为国际竞争的焦点。自2013年以来，包括美国、中国、英国、日本、德国、法国、韩国、印度、丹麦、芬兰、新西兰、俄罗斯、加拿大、新加坡、阿联酋、意大利、瑞典、荷兰、越南、西班牙等在内的20多个国家和地区相继发布了人工智能相关战略或计划，越来越多的国家加入布局人工智能的队列中，从政策、资本、技术、人才培养、应用基础设施建设等方面为本国人工智能的落地保驾护航。同时，随着计算能力和底层技术的发展，云计算、大数据、虚拟化等新型赛道也不断涌现，在推动人工智能发展的同时，也在考验着各个国家的技术基础是否牢固和产业结构是否合理。

在这种背景下，高价值的人工智能专利变得尤为重要。这些专利不仅具备技术上的价值，还在法律上得到保障，可以作为构筑技术壁垒的基础，为产业发展提供健康的环境，并为专利持有者带来经济效益和行业竞争优势。

因此，我国需要用好高价值的人工智能专利这一具有重要战略价值的武器。进一步加强知识产权保护，统筹推进科技自立自强，通过前瞻科研布局和关键核心技术突破，加快提升国际话语权。

第 2 章
人工智能高价值专利创新驱动力评价

2.1 高价值专利评价概述

2.1.1 国外典型高价值专利评价指标

欧洲专利局的 IPscore 评估系统包括法律状态、技术因素、市场环境、财务指标、公司战略等五个高价值专利评价一级指标。其中，法律状态包括专利所处阶段、专利的有效期、专利覆盖的市场范围、争议和诉讼在市场中的常见度、专利的广泛和全面程度、是否监控到专利侵权、公司实施专利难易等多个二级指标；技术因素包括发明技术的独一无二性、发明经过何种测试程度、侵权仿制产品的易识别度、是否优于其他替代技术程度等多个二级指标；市场环境包括市场选择、商业领域中的市场增长率、市场中专利技术的平均寿命、消费者相对于市场中已有的产品愿意支付的价格、公司是否具备知识应用潜能和商业机会等多个二级指标；财务指标包括实施技术时生产成本的变化、对公司的利润贡献率、公司是否有财务能力在相关市场支付专利的更新费用等多个二级指标；公司战略包括专利的目标是否是确保其在现有市场中的地位、是否是公司形象建立过程的一部分、是否可赢得新市场、是否确保公司自身发展的活动空间等多个二级指标[1]。

科睿唯安（德温特）开发了专利强度指数（IP Strength Index）高价值专利评价体系，其包括定量指标、中性指标和定性指标三部分。其中，定量指标包括专利类型、授权成功率、技术宽度、全球视野、同族专利引用数量、剩余保护期限、权利要求数量、自引数量、学术机构合作等多个分指标；中性指标包括专利诉讼、专利异议、专利采标、专利收购并购等多个分指标；定性指标包括专利技术与产品覆盖度、权利要求宽度、规避设计检测、市场规模和相关度等多个分指标。

2.1.2　国内典型的高价值专利评价指标

"十四五"规划和 2035 年远景目标纲要提出，更好保护和激励高价值专利，并首次将"每万人口高价值发明专利拥有量"纳入经济社会发展主要指标，明确到 2025 年该指标达到 12 件的预期目标。

2021 年 3 月，国家知识产权局有关负责人在接受媒体采访时明确指出，将以下 5 种情况的有效发明专利纳入高价值发明专利拥有量统计范围：战略性新兴产业的发明专利、在海外有同族专利权的发明专利、维持年限超过 10 年的发明专利、实现较高质押融资金额的发明专利、获得国家科学技术奖或中国专利奖的发明专利。

马天旗等人从技术价值、法律价值、市场价值、战略价值和经济价值等

1　马天旗，等. 高价值专利筛选 [M]. 北京：知识产权出版社，2018：10-49.

五个维度对高价值专利进行评价。其中，技术价值主要从技术先进性、技术成熟度、技术独立性、技术可替代性、技术应用前景与广度等方面进行分析；法律价值主要从权利稳定性、保护强度、不可规避性、侵权可判定性等方面进行分析；市场价值主要从市场当前应用情况、市场未来预期情况、竞争情况、政策环境等方面进行分析；战略价值主要从专利进攻价值、专利防御价值、专利影响价值等方面进行分析；经济价值主要从专利对自身产品利润增值、专利交易收益、专利诉讼侵权赔偿额、专利质押融资金额与作价入股股权投资份额等方面进行分析。

2.1.3 传统高价值专利评价指标体系的弊端以及本项目研究的必要性

综合分析，现有高价值专利评价指标体系存在如下特点：

一是，多维度多指标对专利高价值进行评价；

二是，分析维度主要包括技术、法律和市场，此外还包括经济、战略、财务等；

三是，指标的选取兼顾了定性与定量、主观与客观。

现有高价值专利评价体系为高价值专利评价提供了基本的评价方法。然而，现有高价值专利评价体系多存在技术保护范围、可替代性、不可规避性、产品利润贡献率等针对性强、计算复杂的指标，适用于一次性进行少量高价值专利的评价，对于一次性进行批量高价值专利评价具有局限性。此外，现有高价值专利评价体系偏向于对专利的高价值本身进行评价，不能用于评价高价值专利对高质量发展的促进作用。本书下述章节将建立评价指标和评价模型，着重评价人工智能领域重点企业的专利质量以及对行业发展的积极作用。

2.2　人工智能高价值专利及其创新驱动力评价

借鉴现有高价值专利评价体系的基本评价方法,创新设计批量高价值专利及其对高质量发展促进作用的评价方法,并结合人工智能领域的特点,设计人工智能高价值专利及其创新驱动力评价指标,旨在以此分析人工智能高价值专利对高质量发展的助力作用。

2.2.1　评价目标

1. 与时俱进,立足高价值评价,促进高质量发展

《中华人民共和国国民经济和社会发展第十四个五年计划和2035年远景目标纲要》指出,深入实施国家创新驱动发展战略,更好保护和激励高价值专利,培育专利密集型产业。习近平总书记在中央政治局第二十五次集体学习时强调:"创新是引领发展的第一动力,保护知识产权就是保护创新。"据此,确立"高价值专利及其创新驱动发展"作为促进高质量发展的评价依据。

此外,以《国家知识产权战略纲要》确立的"激励创造、有效运用、依法保护、科学管理"十六字指导方针为出发点,并以"十四五"时期高质量发展方向为落脚点,设立创造力、保护力、运用力、竞争力和影响力等五个子系统,识别人工智能高价值专利,并对创新主体高价值专利助力高质量发展的作用进行评价。其中，创造力、保护力和运用力三个子系统主要被用于评价专利的内部价值，识别人工智能的高价值专利范围；竞争力和影响力两个一级指标主要被用于评价专利的外部价值，对创新主体的高价值专利助力其创新驱动发展情况进行评价。五个子系统的综合得分（排名）反映了创新主体的高价值专利助力高质量发展的作用力。

2. 推陈出新，追求高评价效率，考虑全评价因素

首先，要进行批量高效评价高价值专利。目前的高价值专利评价体系主要针对单一专利进行"个性化"价值评价，考查专利的技术保护范围、可替代性、不可规避性、产品利润贡献率等方面。这种评估方法虽然准确，但评估工作复杂，专业技术要求高，导致评估效率不高。因此我们需要寻找"共性"高价值专利评价指标，以提高评估效率并扩大高价值专利的评估范围，总结高价值专利的共同特点。

其次，应广泛评估高质量的影响力。当前的高价值专利评价体系主要集中于评估单个专利的价值，从技术、法律、市场、经济、战略等角度进行评估，这对于遴选高价值专利具有重要意义。然而，对于创新驱动的发展而言，除需要关注专利个体价值外，还需要考虑所有专利价值组成的整体价值对创新主体产生的外部竞争力和影响力。综合考虑技术、市场、行业、产业、社会、政策等内外部因素，应广泛评估高价值专利对创新主体高质量发展的影响。

2.2.2 评价模型

基于上述目标，我们制定了人工智能高价值专利及其创新驱动力评价体系模型，如图2所示。

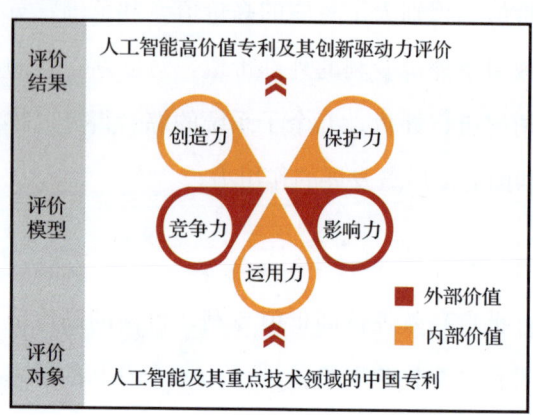

图 2　人工智能高价值专利及其创新驱动力评价体系模型

基于专利信息的规范属性和创新属性，将专利的价值与创新发展的质量紧密相联，深度挖掘影响人工智能高质量发展的各项指标，并形成多方位、多层次的评价体系模型，对高价值专利驱动人工智能高质量发展的能力进行评价。

本评价体系模型包括创造力、保护力、运用力、竞争力和影响力五个子系统，分别从技术、法律、经济、市场、社会等多方面，对人工智能高价值专利及其创新驱动力进行评价。其中，创造力、保护力和运用力三个子系统用于评价专利的内部价值、识别人工智能高价值专利；竞争力和影响力两个子系统用于评价专利的外部价值，是高价值专利在人工智能高质量发展中的映射。综合专利的内部价值和外部价值，全面评价高价值专利驱动人工智能高质量发展的能力。

基于评价体系模型，可识别人工智能高价值专利，并获得创新主体的人工智能高价值专利及其创新驱动力排名，满分 100 分，排名越靠前，创新主体借助高价值专利的高质量发展能力越强。

2.2.3 评价指标

下面对评价体系模型中的五个子系统进行具体说明。

1. 创造力

创造力是创新驱动发展的原动力,用于评价高价值专利的技术价值。对于创新主体而言,其创造力的大小与其拥有的专利的原创性、创造宽度、创造深度、创造高度等因素有关。

原创性,是指专利所载技术的独立创作程度,原创性越高,代表专利的价值越大。

创造宽度,是指专利所载技术覆盖的技术领域范围,覆盖的技术领域范围越广,代表专利的价值越大。

创造深度,是指专利所载技术方案的包容度,一件专利包含越多的技术方案,代表该件专利的价值越大。

创造高度,是指创新主体的专利技术"含金量",含金量越高,专利促进创新主体发展的作用力越强,代表专利的价值越大。

2. 保护力

保护力是创新驱动发展的护航力,用于评价高价值专利的法律价值。对于创新主体而言,其保护力的程度与其拥有专利的剩余使用寿命、保护范围、技术稳定性、权利稳定性、同族等因素有关。

剩余使用寿命,是指授权有效专利剩余保护期,合适的剩余保护期是专利发挥保护效用的重要保障,是评价专利自身价值的一项重要指标。

保护范围,是指专利权利要求的保护范围,限定了专利权的保护范围,权利要求的保护范围越宽,则专利权的保护范围越大。

技术稳定性，是指专利所载技术的不可替代性，一件专利所载的技术越难被替代，则技术稳定性越强，专利的价值越大。

权利稳定性，是指专利权对抗无效请求的能力，经过无效审查仍有效的专利，其权利稳定性更强，具有更强的保护力。

同族，是指具有相同优先权的专利家族，包括简单同族和扩展同族。同族数量越多，专利组合越强，专利保护力度越大。当存在海外同族时，专利的保护地域更广。

3. 运用力

运用力是创新驱动发展的转化力，用于评价高价值专利的经济价值。对于创新主体而言，其运用力的程度与转让、许可、质押等因素有关。

转让，是指专利所有权的转移，包括专利申请权转让和专利权转让。所有权的转移可以为创新主体带来转让收益，是专利发挥无形资产作用的一种方式。

许可，是指专利使用权的共享或者让渡。创新主体可以通过许可专利技术获得许可收益，在许可期间持续获得许可收益。许可的时间越长，许可的范围越广，许可收益越大，专利的运用力越强。

质押，是指专利权的变现。创新主体通过专利权的质押可以获得贷款或融资，从而获得更多的经营资本。可用于质押的专利具有较强的运用力，这意味着其价值更大。

4. 竞争力

竞争力是创新驱动发展的硬实力，用于评价高价值专利的市场价值。对于创新主体而言，其竞争力的强弱与市场竞争力、技术竞争力、产业竞争力、政策支持力等因素有关。

市场竞争力，是指专利助力创新主体所获得的市场竞争能力。在专利的助力下，创新主体可以获得附加值更高的产品，从而具备更强的市场竞争力。

技术竞争力，是指专利助力创新主体所获得的技术实力。专利与技术紧密联系，创新主体的专利价值越大，其技术实力则越强，从而具有更强的技术竞争力。

产业竞争力，是指专利助力创新主体所获得的产业竞争力和影响力。利用专利强化产业链，可以推动创新主体的高质量发展。

政策支持力，是指创新主体所处行业或技术领域所获得政策支持的力度。政策支持的方向代表了行业、技术领域发展的方向。行业、技术领域获得的政策支持力度越大，意味着专利助力其发展的需求越强烈，从而在该领域布局的专利越多。这表明该领域高质量发展的可能性越大。

5. 影响力

影响力是创新驱动发展的效应力，用于评价高价值专利的社会价值。对于创新主体而言，其影响力的大小与技术影响力、业态影响力、社会影响力等因素有关。

技术影响力，是指专利助力创新主体形成的技术影响范围。影响范围越广，意味着专利技术影响力越大，创新主体发展质量越高。

业态影响力，是指专利助力创新主体形成的业态影响程度。专利技术可增强新业态的质量，助力创新主体在新业态下获得更高质量的发展。

社会影响力，是指专利助力创新主体形成的社会影响广度。社会责任的承担是创新主体的发展要务之一，社会责任的承担是对创新主体高质量发展更高层次的评价。

2.2.4 评价原则

由于目前传统的高价值评价体系各有局限，因此本书考虑从"创造力""保护力""运用力""竞争力""影响力"五大指标维度对创新主体的高价值专利以及高价值专利助力高质量发展的能力进行评价，建立一个系统、全面、科学、有效、可行的评估指标体系。运用定性和定量相结合的方法，对高价值专利进行筛选，对高价值专利整体对高质量发展的促进作用进行评估。

本书中的评价原则体现在以下几方面。

1. 专利检索范围

人工智能领域是近年来快速发展的重点和热点领域，因此本书将专利检索的时间范围限定在 2001 年 1 月 1 日至 2023 年 12 月 31 日，更早期的专利技术对如今高科技发展的技术贡献度有限，暂不考虑。地域范围包括国家知识产权局受理的布局在我国的专利申请，故包括国内外创新主体的在华申请。上述时间范围和地域范围可以有效地说明人工智能领域主要创新主体在我国的专利布局和专利质量情况。

2. 专利有效性

专利的法律状态包括授权、在审、失效等，本书在数量方面的统计分析包括了所有法律状态的专利，而对于质量方面的统计分析仅包含了在审专利和已授权专利。专利质量的分析过程包含在审专利，这主要考虑到人工智能领域是一个高速发展的前沿领域，自 2016 年开始，专利申请数量突飞猛进增长，近两年申请的专利由于审查周期大部分处于在审状态，因此仅考虑已授权专利不能客观体现该领域专利的特点以及创新主体的客观情况。

3. 评估指标的选择

本书选择了"创造力""保护力""运用力""竞争力""影响力"五大指标维度，并对每个维度进行了细分，细化评估指标并进行评估体系中的要素设计。要素的选择优先考虑使用专利数据库中的著录项目数据，或非专利文献、网站等渠道中可获取的文本信息。此外，加强了各要素之间的相互影响关系分析，并对重点关注的方向赋予了较高的权重系数。

4. 突出领域特点

为突出人工智能领域的特点，在要素设计的过程中，本书的评价指标着重关注人工智能领域的基础通用技术，并在权重设计时，将该类技术的权重系数设置为高于应用类技术。另外，结合当今强调保护、运用知识产权的政策背景，在高质量评价的过程中，重点关注专利运用与转化、社会效益、行业影响、中国专利奖项等方面的情况。

第 3 章
人工智能技术中国专利总体态势

3.1 专利创新总体态势分析

"十三五"以来,我国人工智能技术快速发展,新型基础设施布局稳步推进,相关应用场景不断拓展,人工智能领域已初步呈现关键共性技术研发攻关、创新产品应用、新兴产业培育"三位一体"的发展格局,成为推进、引领科技革命和产业跃升的战略性驱动力。虽然人工智能技术取得了显著的发展成果,但关键技术突破亟待加强,需要通过技术进步推动创新。技术创新理论认为,技术进步往往由"需求拉动"与"技术推动"两种因素共同作用。在算力、算法及数据赋能作用下,特别是大模型技术颠覆性的出现,我们迎来生成式人工智能新时代。因此,在当前发展阶段,应当着重通过"技术推动"实现人工智能技术的颠覆式创新。

高价值专利在推动技术进步的进程中发挥着关键作用。专利价值通常包含了经济价值与技术价值。经济价值可以通过创新的新颖性、专利活动、披露性以及保护宽度评价,而技术价值通常根据该发明创造对后续技术进步所产生的影响判断。本书综合专利的经济价值与技术价值，从创造力、保护力、运用力、竞争力以及影响力等五个维度对人工智能技术中的专利价值进行评价。专利价值的提升可以加快人工智能技术创新链的发展，提升企业技术实力，引领生产方式变革和经济高质量发展。

经专利检索，截至 2023 年年底，我国人工智能领域 AI 创新链专利共计 131.7 万件，有效专利 37.4 万件（占比 28.4%），审中专利 44.6 万件（占比 33.9%）。

3.1.1 专利总体趋势

AI 创新链包括了深度学习、云计算、计算机视觉、智能语音、自然语言处理等十大技术领域。人工智能第三次浪潮得益于神经网络算法的推动和引领。2006 年以来，深度学习理论的突破，伴随互联网、云计算、大数据、智能芯片等新兴技术的融合发展，为人工智能技术的快速发展提供了充足的数据支持和算力支撑。2012 年多层神经网络理论的发展，进一步推动了人工智能深度学习领域的技术跃升，专用集成电路（ASIC）等关键器件的开发促使运算能力大幅提高，特别是"大数据"资源成为技术变革的"石油"，使人工智能真正具备了基础性、关键性和前沿性的战略定位。

如图 3 所示，2017 年以前，云计算和计算机视觉技术是十个关键技术中专利申请数量增速最快的两个领域，在人工智能技术早期发展中发挥了至关重要的作用。2013 年以后，随着多层神经网络技术的突破，基于反向传播算法的深度学习技术有了质的飞跃。2017 年，我国将人工智能上升为国家战略，在技术与政策双红利的推动下，深度学习相关专利数量也呈现爆发式增长，2016 年至 2021 年，深度学习专利申请数量年均复合增长率达到 53%，对人工智能的引领作用开始逐步凸显。相比之下，智能语音、自然语言处理、大数据、知识图谱和智能推荐等领域的专利申请数量呈现稳步增长的态势。其中，随着近年来自然语言处理技术在各种应用场景的广泛应用，自 2017 年起相关技术创新开始提速，2021 年自然语言处理的专利申请量仅次于深度学习、云计算和计算机视觉，发展势头强劲。最后，智能芯片和量子计算由于起步相对较晚，相关专利储备较少，处于技术加速积累的阶段。此外，在硅片产能、EDA 软件技术欠缺、光刻机等问题以及量子计算中噪声、故障和量子相干性损失等方面未取得突破性进展，智能芯片和量子计算两个领域的专利申请数量增速缓慢。

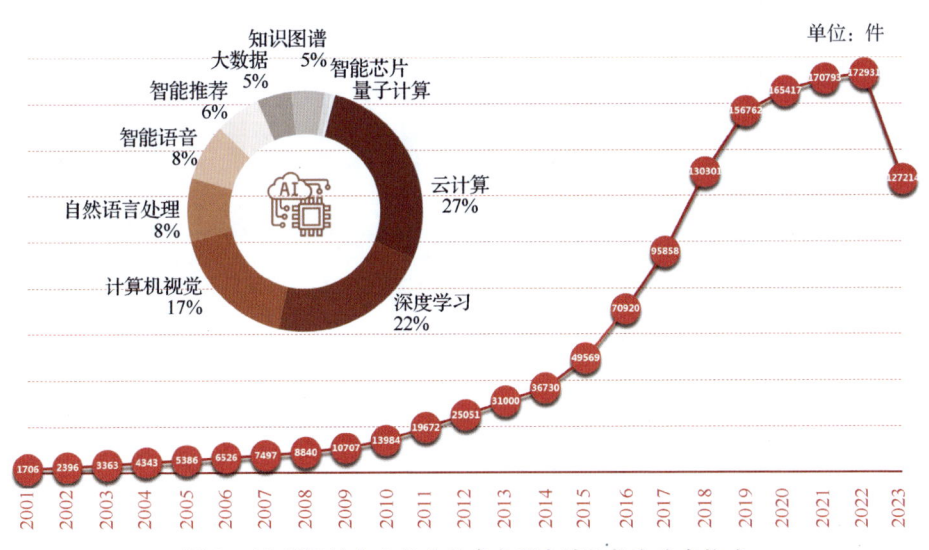

图 3　AI 创新链十大基础技术专利申请趋势和分布构成

3.1.2　专利申请数量和授权数量排名

从图 4 中可以看出，百度公司、腾讯公司、国家电网、华为公司在 AI 创新领域是申请和授权专利数量最多的主要企业，专利申请数量均突破 10000 件，显示了它们在我国 AI 领域技术创新中的重要地位。特别是百度公司，其专利申请数量和授权数量均位居第一，表明该公司在 AI 领域发展较早，并已建立了长期的技术研发和专利布局策略。另外，腾讯公司的专利申请数量增速较快，年均复合增长率高达 70%，在前四创新主体中增速排名第一。此外，清华大学和浙江大学在高校中以 45% 的授权专利占比位居前两位，显示了高校对 AI 技术的重视程度。

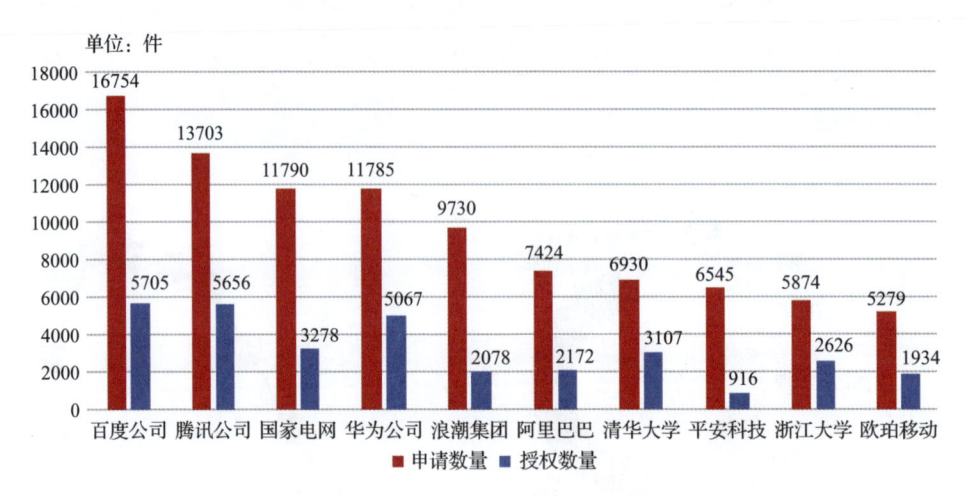

单位：件

创新主体	申请数量	授权数量
百度公司	16754	5705
腾讯公司	13703	5656
国家电网	11790	3278
华为公司	11785	5067
浪潮集团	9730	2078
阿里巴巴	7424	2172
清华大学	6930	3107
平安科技	6545	916
浙江大学	5874	2626
欧珀移动	5279	1934

图 4　AI 创新链前十创新主体专利申请数量和授权数量排名

当前，我国人工智能领域竞争日趋激烈，除国内企业外，三星集团、微软公司等国际巨头十分重视我国市场，不但长期、持续地开展专利布局，且专利质量普遍较高。在此背景下，需要综合运用知识产权发展战略和运用策略，以增强各创新主体的技术软实力。

3.1.3　主要申请人技术构成分析

根据图 5 和表 1 中的数据，前十名专利申请内容主要集中在神经网络算法、图像识别、语音识别和自然语言处理等技术领域。百度公司、腾讯公司和国家电网在这些技术领域的布局相对均衡，申请了大量的专利。而微软公司和三星集团则分别在程序控制和语音识别领域的专利申请占比较高。

图 5 AI创新链主要申请人技术构成分析

表 1 AI创新链主要申请人专利技术构成分析

序号	分类号	释义
1	G06K9	用于阅读或识别印刷或书写字符或者用于识别图形
2	G06N3	基于生物学模型的计算机系统
3	G06F17	特别适用于特定功能的数字计算设备或数据处理设备或数据处理方法
4	G06F16	信息检索；数据库结构；文件系统结构
5	G06T7	图像分析
6	G06F3	用于将所要处理的数据转变为计算机能够处理的形式的输入装置；用于将数据从处理机传送到输出设备的输出装置
7	G06F9	程序控制设计
8	G10L15	语音识别
9	G06T5	图像的增强或复原
10	G06F40	处理自然语言数据（语音分析或综合，语音识别 G10L）

3.1.4 专利法律状态分析

根据图 6 所示，对人工智能（AI）创新链专利的法律状态进行分析，发现处于公开或实质审查阶段（审中）的专利数量占总申请数的 33.9%，是当前法律状态中占比最高的部分，进一步印证了人工智能技术近年来的快速发展，尤其是自 2016 年以来，专利布局大幅增长。目前，人工智能技术领域正处于新技术、新方法、新成果爆发式增长的阶段，各企业、高校、科研院所纷纷加入专利布局的行列，标志着人工智能技术发展的黄金时期。然而，值得警惕的是，当前人工智能领域专利的授权占比仅为 28.4%，而失效状态的专利（包括撤回、权利终止、驳回、未缴年费、放弃、期限届满）占比却高达 35.1%。其中，驳回与撤回专利占失效状态专利的近 75%，这表明当前我国人工智能技术领域的高价值专利仍然相对匮乏。这一现状可能部分源于早期对高价值专利的培育缺乏引导和驱动，导致低质量专利与高质量专利并存。另外，一些创新主体急于抢占先机，数量占优，却未在技术研发、专利申请等方面严格把关，为人工智能领域的后续发展敲响了警钟。在政策层面，有必要继续加强知识产权保护和运用规划，努力创造更加良好的知识产权政策环境、体制环境和法治环境，更有效地促进高价值专利的转移与转化。同时，创新主体也应该坚持从培育高价值专利的角度出发，不断完善技术，探索产业前沿，精准布局，更好地利用专利保护自身技术创新，推动企业高质量发展。

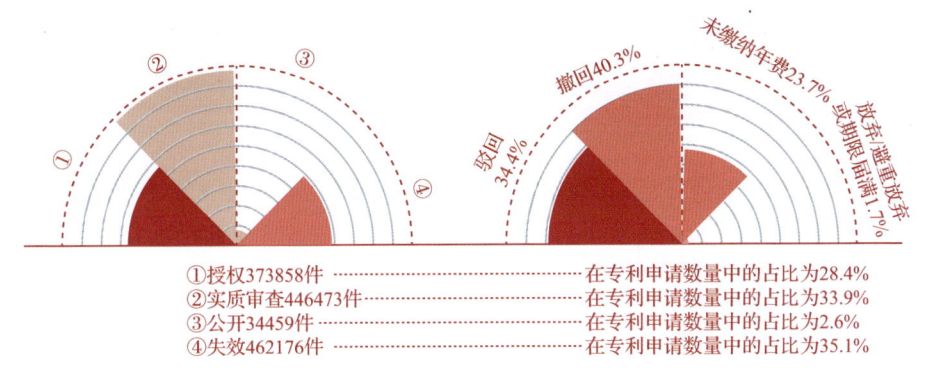

① 授权373858件 — 在专利申请数量中的占比为28.4%
② 实质审查446473件 — 在专利申请数量中的占比为33.9%
③ 公开34459件 — 在专利申请数量中的占比为2.6%
④ 失效462176件 — 在专利申请数量中的占比为35.1%

图 6　AI 创新链技术的专利法律状态分析

3.2　专利创新生态支撑分析

3.2.1　AI 创新链产学研高质量合作稳步推进

如图 7 所示，高等院校在人工智能领域的技术创新非常活跃，涌现了大量专利成果。截至 2023 年年底，高校共申请了 24.6 万件人工智能专利，占我国人工智能专利总数的 21.4%。高校成为 AI 创新链的重要主体，加快推动高校专利成果转化，是产业链高质量发展的重要抓手。高等院校人工智能高价值专利的不断涌现，也引起大量互联网科技公司的关注，它们纷纷向高等院校提供合作机会，通过成立联合实验室和技术研发中心等方式，寻求技术合作，利用自身的产业资源优势，将高等院校高价值专利进行产业化落地，促进产学研合作持续推进，进一步推动产业发展。截至 2023 年年底，我国人工智能领域产学研联合申请专利数量超 2 万件，其中发明专利占比约 90%，整体呈上升趋势，产业应用广泛。拥有先进技术的高校通过与企业开展多领域深度合作，产学研用协同创新进程加快，有力支撑人工智能产业高质量发展。

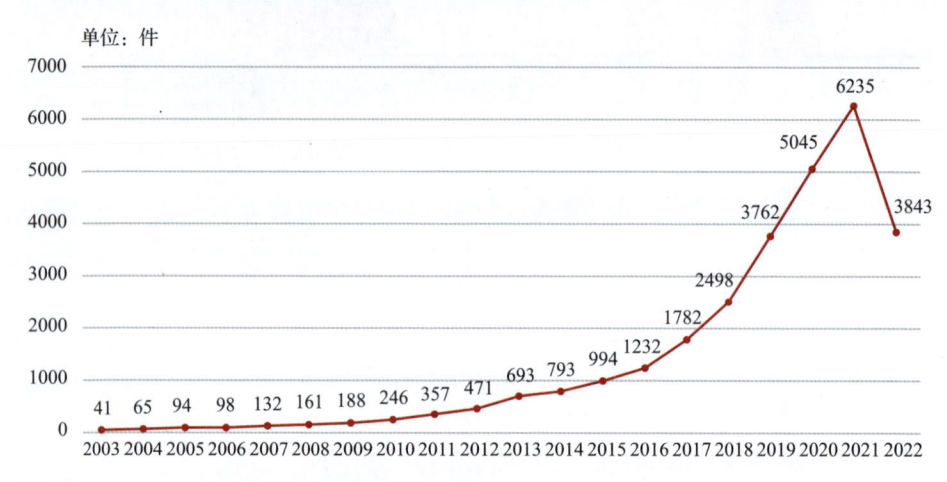

图 7　AI 领域产学研联合申请专利发展趋势图[1]

数据（单位：件）：
- 2003: 41
- 2004: 65
- 2005: 94
- 2006: 98
- 2007: 132
- 2008: 161
- 2009: 188
- 2010: 246
- 2011: 357
- 2012: 471
- 2013: 693
- 2014: 793
- 2015: 994
- 2016: 1232
- 2017: 1782
- 2018: 2498
- 2019: 3762
- 2020: 5045
- 2021: 6235
- 2022: 3843

在我国人工智能领域，产学研联合创新的典型案例包括：

（1）智慧城市领域：清华大学、浙江大学申请 AI 高价值专利数量均超过 200 件，在深度学习和计算机视觉技术领域积累了丰硕的创新成果。2010 年，浙江大学与国脉互联公司联合成立我国首个"智慧城市研究中心"，校企强强联合共同推动我国智慧城市快速发展。2019 年，清华大学与广联达公司共建"数字城市实验室"，共同推动新型智慧城市建设。

（2）智能交通领域：东南大学已申请 AI 高价值专利达 500 余件，与华为共建华为-东南大学联合创新实验室，联合开展在智慧公路领域的科研合作，汇聚校企优势资源，加快智能交通领域的技术创新和应用；长安大学申请 AI 高价值专利数量接近 200 件，与百度 Apollo 在智慧交通科技合作、人才培养、

---

[1] 受专利公开时间影响，当前数据仍在持续更新。

研发成果孵化等领域开展全面合作，打造产学研用平台，推动技术商业化，共同助力交通强国建设。

（3）智慧金融领域：西安交通大学申请 AI 高价值专利突破 200 余件。2021 年，度小满金融与西安交通大学宣布成立"西安交通大学-度小满金融人工智能联合研究中心"，双方围绕大数据风控、自然语言技术、情感计算、多方安全计算等领域开展课题研究，推动人工智能在金融领域的应用。

（4）智能语音领域：2012 年，上海交通大学联合苏州思必驰公司成立思必驰－上海交大智能人机交互联合实验室，研究人工智能在人机交互中的应用，将对话式人工智能技术进行规模化的产业转化。截至 2022 年，思必驰公司已联合上海交通大学申请智能语音类专利 40 余件。其中，其联合开发的语义分析技术分别在 2021 年和 2022 年取得 Text-to-SQL 任务英文基准榜单 Spider 第一名和中文千言榜单第一名的成绩。

3.2.2　中小企业为人工智能高质量发展增添新力量

作为技术创新的重要源泉和吸纳劳动力就业的重要载体，大量中小企业也积极涌入人工智能赛道。中小企业已成为应用人工智能技术、支撑人工智能产业发展的重要力量。如图 8 所示，在创新链一侧，我国人工智能领域企业主体共申请专利超过 110 万件，其中中小企业专利贡献超过 90%。从产业链角度来看，AI 技术在中小企业中的普及率超过 40%，语音识别、智能制造等技术广泛应用于中小企业，助力其升级改造和智能化应用。专注于细分市场、聚焦主业的专精特新"小巨人"企业是中小企业建设的重要通道，在具体领域的核心竞争力、产品质量等方面具备一定优势。据工业和信息化部 2022 年提供的数据显示，全国目前累计培育四批专精特新"小巨人"企业共计 8997 家，专精特新中小企业共计 6 万余家，其中近 500 家人工智能领域企业入选上述名单。这些人工智能企业通过与各类大型企业合作共赢的方式，共同推动大中小企业融通发展，深度协同，形成具有市场竞争力的专用产品，是增强人工智能产业竞争力的重要手段。

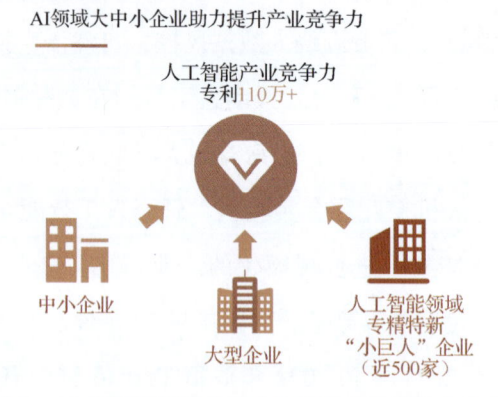

图 8　AI 创新链领域大中小企业助力提升产业竞争力

3.2.3　AI 创新人才队伍持续壮大，产业发展活力持续迸发

人才是技术创新的重要资源。正如国家多项政策中所提到的，要实现科技自主，人才是重中之重。而 AI 产业化和产业 AI 化，均离不开 AI 人才的培养。尽管根据中国人工智能学会的统计，全球入选 AI 2000 榜单的 2000 位人工智能高层次学者中，美国拥有 1244 人次，是我国数量的 6 倍。但近几年我国 AI 领域专利发明人数量呈现稳步上升的态势。2017 年，我国前十 AI 创新主体发明人数量为 1 万余人，到 2021 年已达到 2 万余人，五年间翻了一倍。这表明我国 AI 创新人才规模不断扩大，创新主体对于人才培养、引进和使用的重视程度逐步提升。随着我国各地人工智能人才培育政策的出台，可以预料我国 AI 领域的人才队伍也将不断壮大。

从图 9 中可以看出，在我国 AI 创新链中，高价值专利创新主体中，拥有 5000 人以上发明人团队规模的创新主体有 4 家，分别是百度公司、腾讯公司、华为公司和国家电网，其中国家电网的团队规模最大。然而，尽管国家电网的发明人数量众多，但其人均产出较低（0.19 件/人）。相比之下，百度公司、浪潮集团和平安科技的人均产出相对较高，分别达到了 0.97 件/人、0.9 件/人和 0.88 件/人。这一差异主要是因为浪潮集团和平安科技的发明人团队规模相对较小，均在 1000 人左右，而百度公司的发明人团队规模超过 5000 人，并且在人均产出量上排名第一，显示了其在 AI 创新链中的深度探索和综合技术创新实力。

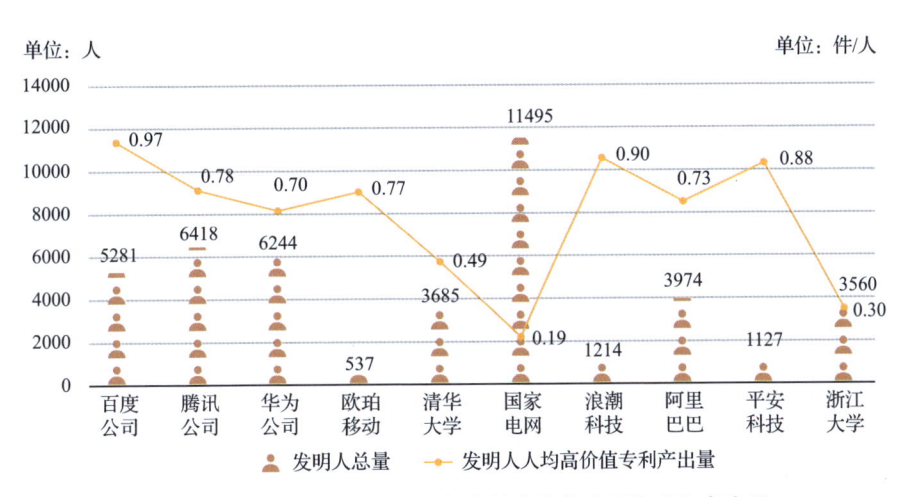

图 9　我国 AI 创新链主要创新主体高价值专利发明人产出量

3.3　高价值专利总体态势分析

3.3.1　AI 创新链高价值专利规模稳步扩大

人工智能领域的"高价值"专利具有较高的技术价值、经济价值和法律

价值，可极大促进人工智能技术成果的转化，实现人工智能产业发展的良性循环。 在人工智能第三次发展浪潮的推动下，借助知识、数据、算法和算力等关键要素，人工智能技术近年来迅猛发展。与之相关的高价值专利，在专利申请数量和创新主体数量方面都呈现出激增的趋势。从图10中可见，随着AI创新链技术向纵向和横向地转移、延伸，与经济产业各领域、各环节的加速融合，人工智能高价值专利对推动、引领AI科技革命和产业跃升的作用逐渐显现。

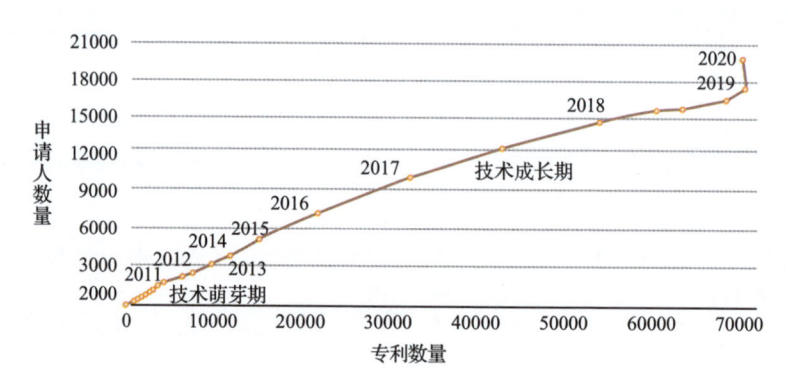

图10　AI创新链高价值专利生命周期

"中国专利奖"是由中国国家知识产权局和世界知识产权组织共同主办的政府部门奖项。在专利奖评审过程中，不仅对专利的技术水平、创新高度等方面提出较高要求，同时还会考量专利技术的广泛经济和社会影响。因此，获得"中国专利奖"的专利是高价值的直接体现，是专利创造力和影响力的综合体现。

从图11中可以看出，与人工智能技术相关的获奖专利自第13届（2011年）开始呈现逐年递增的趋势，直至第23届中国专利奖达到获奖数量的峰值，共73件相关专利。智能语音、计算机视觉和自然语言处理是获奖专利数量最多的领域，这可能是因为它们在人工智能产品中应用广泛且具有投入较早。从产业链的角度来看，智慧医疗、智慧工业和智慧家居是人工智能应用的热门场景。以智慧医疗为例，从第 14 届（2012 年）开始出现获奖 AI 专利，并且近三年共有 5 项智慧医疗领域 AI 专利获奖。这表明 AI 创新链的创造力不断增强，与产业链的全面融合影响力越来越广，对医疗、工业、交通、城市、教育等多个产业领域产生了较大的影响。

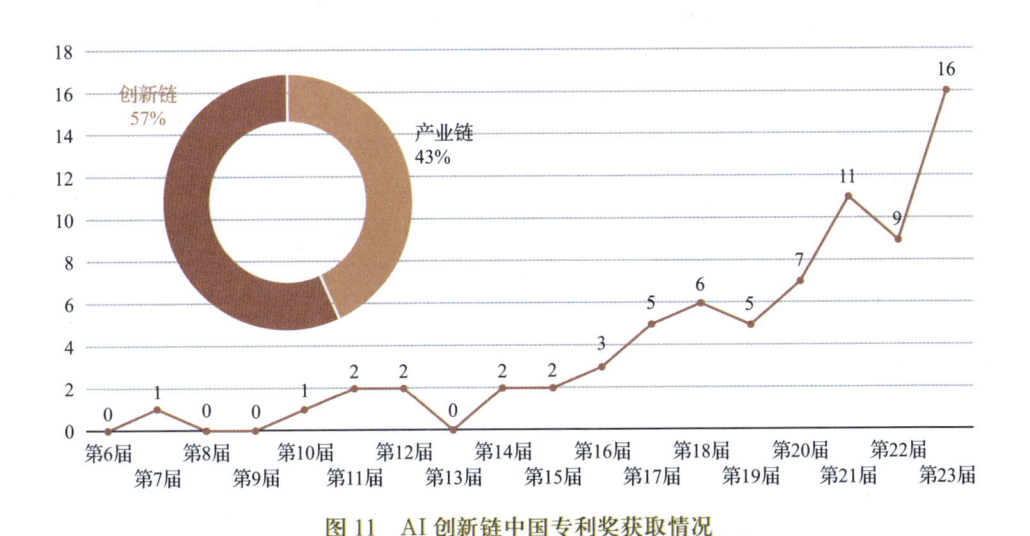

图 11　AI 创新链中国专利奖获取情况

总体而言，利用人工智能技术专利获奖数作为风向标，可以看出近年来市场和政策的双驱动极大地激发了创新主体培育高价值专利的积极性。在未来的"十五五"时期，在更加重视高价值专利支撑产业高质量发展的氛围下，我国将进一步提升在全球人工智能创新竞争格局中的位置和水平。

3.3.2　AI 创新链高价值专利是驱动技术创新的重要体现

从图 12 中可以看出，量子计算、智能语音和智能芯片在 AI 创新链中占据高价值专利占比最高的三个领域，分别为 39.5%、30.8% 和 29.5%。尽管量子计算和智能芯片技术相对较晚发展，并且相关专利积累相对较少，但它们在高价值专利占比排名中位居前列，这表明高价值专利对于新兴领域的推动作用尤为明显。

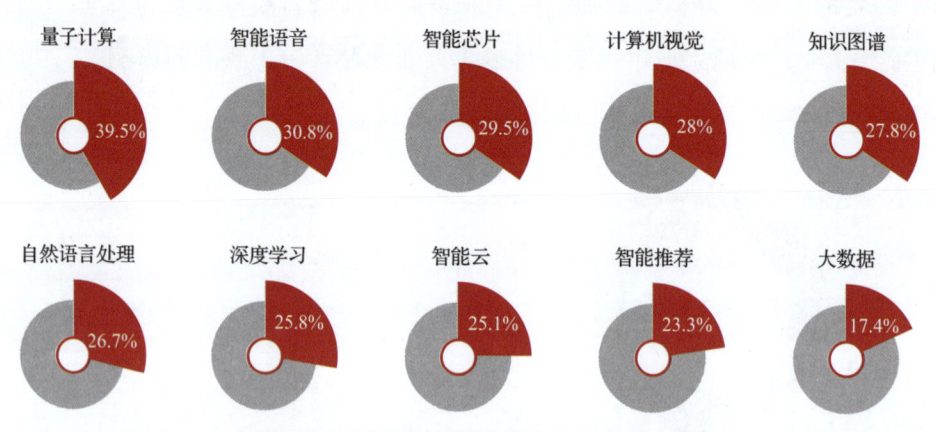

量子计算	智能语音	智能芯片	计算机视觉	知识图谱
39.5%	30.8%	29.5%	28%	27.8%
自然语言处理	深度学习	智能云	智能推荐	大数据
26.7%	25.8%	25.1%	23.3%	17.4%

图 12　AI 创新链核心要素高价值专利占比

量子计算的核心优势在于其能够实现高速并行计算，这种强大的计算能力将为人工智能提供革命性的改变，并加速人工智能发展。量子计算领域的主要研究方向包括量子算法、量子计算模型（如量子逻辑门、单比特测量、绝热量子计算、拓扑量子计算等）以及量子计算机的物理实现（如离子阱、超导、光、量子点、金刚石色心等）等。根据图 13 显示的量子计算高价值专利申请技术布局热点，近年来的创新热点主要集中在量子密钥分发、量子态、网络接入安全等方面。考虑到技术门槛高，量子计算领域的专利集中度相对较高，排名前十的申请人掌握着 30% 的高价值专利，在该领域拥有较高的话语权，主要包括如般量子、IBM、谷歌、百度等。

随着全球人工智能产业的蓬勃发展和技术产品的广泛落地，与传统处理器相比，人工智能芯片已经成为实现人工智能算法的更优选择。只有将人工智能算法与人工智能芯片充分融合与协同，才能真正推动人工智能技术的商用进程。因此，人工智能芯片被公认为是未来人工智能时代的战略制高点。随着边缘与终端采集到的数据量呈指数级增长，且对实时响应和低延时有了更高要求，人工智能向边缘计算延伸变得不可阻挡。越来越多的芯片厂商开始加强边缘侧产品的开发布局。从智能芯片高价值专利技术布局方向上可以看到，边缘计算、光芯片等技术也是近年来智能芯片专利布局的热点领域，如图14所示。从申请人方面看，国外申请人在智能芯片的高价值专利布局方面表现不俗，在排名前十申请人中占据半壁江山，而我国智能芯片高价值专利主要企业申请人包括百度公司、寒武纪、浪潮集团、华为公司。

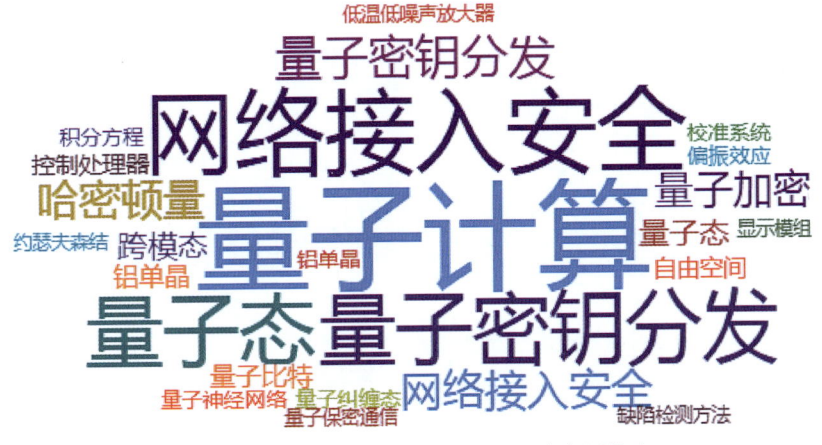

图13 量子计算近年高价值专利技术布局热点

图14 智能芯片近年高价值专利技术布局热点

3.3.3　AI 创新链高价值专利运用范围不断拓展

除了传统的许可、转让、质押，人工智能专利技术的运用方式更突出的特点是开放共享。本小节搜集了专利运用广泛的前十个创新主体的案例，其通过各自的 AI 平台将人工智能技术进行更广泛的开放共享应用。我们以 AI 创新链基础通用技术、关键领域技术、应用技术和支撑技术为划分基准进行展示，应用场景如图 15 所示。

图 15　AI 创新链高价值专利运用分析

人工智能技术——关键领域技术

人工智能技术——应用技术

图 15　AI 创新链高价值专利运用分析（续）

人工智能技术——支撑技术

词云图内容（按大致分布）：

三星医疗健康生态平台、清华大学科研云平台、华为Fusionstorage、三星云、浪潮超算云、腾讯腾讯大数据-天工、三星企业云、华为FusionCloud、腾讯云端大数据解决方案、三星大数据、浪潮煤矿安全生产大数据分析平台、百度度御大数据风控产品、平安云、浪潮智慧公交大数据、百度数据可视化Sugar、浪潮云、华为大数据智能服务、腾讯微云、百度统计、阿里视频云、云计算、平安科技、华为、腾讯云、阿里云、腾讯、百度、三星、百度智数、阿里巴巴、百度司南、浪潮、阿里移动、大数据、华为政务大数据、OPPO云服务、腾讯云数据库、华为云、清华大学、欧珀科技、华为智慧工业大数据解决方案、OPPO云数据湖、百度指数、百度网盘、百度智慧工业大数据解决方案、华为FusionInsight 智能数据平台、百度AI服务器、阿里数据、百度鲁班、华为FusionInsight、浪潮云海insight大数据平台、智能数据服务 IEMR、三星数据中心固态硬盘、浪潮AI服务器、百度GPU云服务器、OPPO大数据平台、百度智慧文旅大数据分析平台、腾讯大数据处理套件 TBDS、浪潮云海、阿里巴巴DataWorks引擎、平安科技大数据AI风控系统、浪潮大数据存储与分析服务、清华大学AMiner大数据挖掘

图 15　AI 创新链高价值专利运用分析（续）

　　基础通用技术作为人工智能领域的技术基础，也是我国各创新主体的研究热点。根据统计数据显示，深度学习领域的算法研究、框架搭建和平台共享是该技术领域中的重点研究方向。典型的产品有百度 PaddlePaddle、百度 AutoDL、腾讯优图、阿里巴巴 X-DeepLearning、华为 MindSpore 等。在基础通用技术的其他技术领域中，知识图谱领域、量子计算领域和智能芯片等技术领域也在产品应用方面表现出丰富多样的特点。"AI、平台、深度学习、计算、机器学习、框架、处理器、推理、引擎、比特、超导、模拟器、算法"是创新主体在产品和服务的开发应用中最常提及的关键词。实现这些基础通用技术的关键突破和保持良好的开源程度，将是我国人工智能领域进一步发展的"发动机"。

　　相对于基础通用技术，关键领域技术由于其技术的新颖性和实用性，成为近年来人工智能技术领域曝光率最高的方向之一。自然语言处理技术、智能推荐技术、智能语音技术和计算机视觉技术是更贴近人们生活的"人工智能"。这些技术在从人工智能理论研究到实际应用的过程中发挥着桥梁作用。当前，我国前十创新主体涉及的产品和服务较多，其中百度和腾讯公司在相关领域的产品和服务占据优势地位。百度搜索、百度语音识别、百度小度助手、腾讯语音、腾讯云搜等产品广受欢迎，具有相当的用户基础和市场份额。除了互联网巨头企业，华为、欧珀移动、平安科技、清华大学、三星等企业和高校也逐渐加大了在相关领域的研发力度，积极竞争。

此外，随着智慧地图、智慧城市、智慧医疗和智能驾驶等概念的提出，人们对通过人工智能技术构建未来社会生活的美好意愿日益增强。因此，以此类技术领域为代表的应用技术也成为当前社会人工智能领域的热门讨论焦点。百度、华为、阿里巴巴、国家电网等企业充分发挥自身优势，广泛布局各类应用技术解决方案，涵盖了智慧城市、智能驾驶等与人们生活密切相关的关键领域。当然，人工智能技术的发展少不了支撑技术的助力。从某种角度来说，只有在云计算和大数据等支撑技术上取得突破，人工智能才具有运行和发展的"能量"。我国庞大的人口总量和每秒钟产生的海量数据，为人工智能的发展提供了巨大的优势，如何利用支撑技术充分发挥这一优势，是我国各创新主体亟待思考的问题。目前，以百度云，腾讯云、阿里云、浪潮云等为代表的云计算平台和各企业在相关领域布局的数据平台成为各创新主体运用高价值专利的主要载体。

总体而言，我国人工智能高价值专利已广泛深入人们的生活，同时也催生出更多的需求，促进了人工智能技术的进一步创新，推动了社会的高质量发展与进步。

3.4 代表性创新主体高价值专利

3.4.1 AI 创新链领域互联网企业创新日益活跃

从"创造力""保护力""运用力""竞争力""影响力"五大方面，对 AI 创新链代表性创新主体的高价值专利及其创新驱动力进行了评价，排名情况如图 16 所示。

序号	公司	得分
1	百度公司	92.21
2	阿里巴巴	90.28
3	腾讯公司	90.09
4	华为公司	90.06
5	欧珀移动	89.82
6	清华大学	89.69
7	浙江大学	89.59
8	平安科技	89.36
9	国家电网	89.07
10	浪潮集团	88.93

图 16 我国 AI 创新链领域高价值专利及创新驱动力排名

总体而言，互联网公司在 AI 创新链领域的创新优势更为明显，排名前三的均为国内互联网企业——百度公司、阿里巴巴和腾讯公司。可以看出，互联网科技巨头们已将人工智能纳入战略核心，积极布局并构建人工智能产业知识产权运营生态。从排名上看，百度凭借其在本领域深厚的技术积淀和巨大的研发投入，稳坐头把交椅。近两年，百度相继提出了跨模态通用可控AIGC、无人车多传感器融合处理系统、深度学习通用异构参数服务器架构等多项创新成果，在科技前沿领域不断创新和探索，攻关关键核心技术，并且与产业深度融合，促进产业发展。值得注意的是，高校申请人开始在AI领域发力，清华大学和浙江大学分列排行榜第六和第七，高质量创新发展驱动力较强。浙江大学近年来在深度学习和计算机视觉领域布局了较多高价值专利，而清华大学更是在多个领域全面开花。除上述两个方向外，其还在云计算和自然语言处理领域积累颇丰。此外，欧珀移动、平安科技和国家电网入围前十，也表明了人工智能技术正在渗透到各个应用场景，不同行业的创新主体纷纷加码人工智能领域的研发投入。

3.4.2 AI创新链高价值专利核心领域集聚效应显著

高价值专利往往对行业具有较强的影响力和控制力，可用于构筑牢固的技术壁垒。考虑到高价值专利能够长期、持续地为专利权人带来经济效益，并取得行业竞争优势，AI创新主体对于高价值专利的储备尤为重视。从图17中可以看出，智能云和深度学习是高价值专利数量最多的两个领域。由于智能云和深度学习对人工智能的发展有引领和推动的作用，因此各创新主体均在这两个领域布局了大量高价值专利，竞争较为激烈。其中，百度公司在八个技术领域高价值排名均位列第一，领先优势明显。百度飞桨是目前国内深度学习框架开发者群体规模最大的世界第二大产业级深度学习平台；百度智能云近三年快速崛起，融合自身研发的AI底层技术，形成独有的"云智一体"架构；此外，百度自主研发的昆仑2芯片已经量产，可应用于互联网核心算法、智慧城市、智慧工业等领域,并且还将赋能高性能计算机集群、生物计算、智能交通、无人驾驶等更广泛的空间。另外,各创新主体结合自身业务发展方向,在不同的基础技术领域进行了有针对性的布局,如国家电网在深度学习和大数据领域,浪潮集团在智能云,阿里巴巴在智能推荐,平安科技在自然语言处理和计算机视觉领域都保持着创新优势。

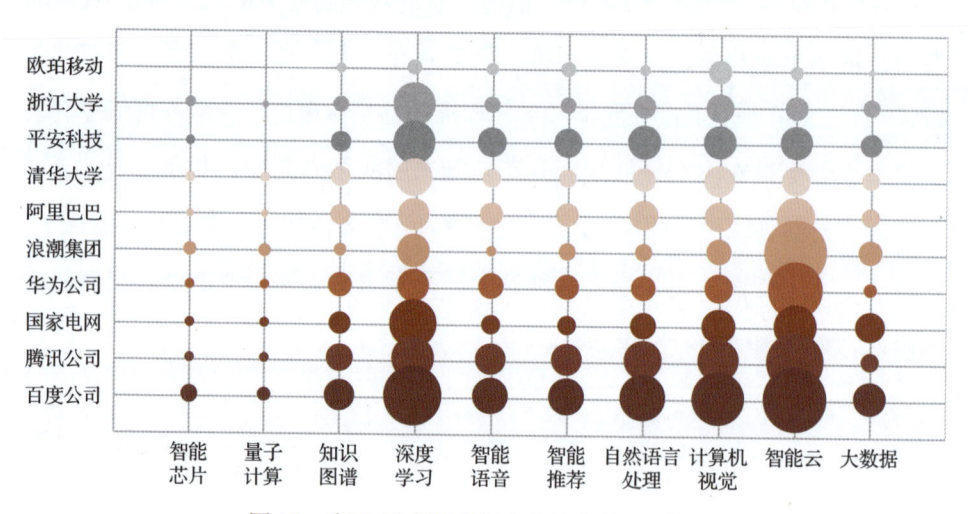

图17 我国AI创新主体高价值专利技术布局

3.4.3 不同类型创新主体高价值专利及其创新驱动力比较

对主要的创新主体进行比较是为了更好地说明问题,展示它们在创新驱动力方面的差异。本小节选取百度公司作为企业代表,中科院所则代表高校和科研机构,在这两类主体之间进行创新驱动力比较,可以说明我国各种主体的创新实力情况。

从图18中可以看出,不同类型的创新主体在创造力、保护力、运用力、竞争力和影响力等方面表现各有不同。作为较早投入人工智能领域,并且在所有创新主体中排名靠前的百度公司和中科院所，在创造力和保护力方面差异较小，主要差别在于竞争力和影响力方面，其差异源于不同的研究目的和发展策略。例如，在与上述评价指标相关的市场占有率、专利活跃度、行业影响度及平台网络效应等方面，以百度公司为代表的企业创新主体展现了技术研发与专利、产品、市场战略紧密衔接的特征属性。例如，在中国人工智能领域，百度公司通过百度 AI 开放平台、飞桨、Apollo、智能云等平台，将其 AI 技术开放共享，构建了人工智能高质量发展的新生态；昆仑芯片、鸿鹄语音芯片等自主研发的人工智能芯片的运用进一步提升了其人工智能产品的算力；大数据、云计算的积累与创新，对人工智能的支撑作用日益凸显，因此在竞争力和影响力方面展现了更为突出的综合能力。

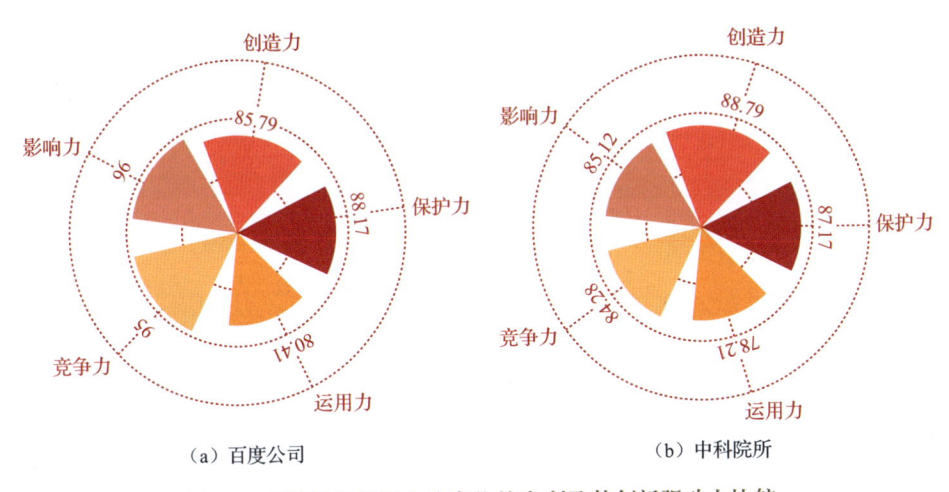

图 18　不同类型创新主体高价值专利及其创新驱动力比较

而中科院所包括了诸多中国科学院下属的科研院所，各科研院所或其下属的人工智能学院对人工智能技术有着长期的积累和探索。通过图 18 可以看出，中科院所在创造力方面具有一定的优势，说明其布局的专利具有一定的创造深度和高度，以及部分专利在行业中被多次引用借鉴。但是，与公司企业类主体相比，其在竞争力、影响力指标的得分表现出明显的差距，与专利匹配的相应产品较少，市场占有率、行业关注度、社会影响力等方面的能力尚需挖掘。

习近平总书记在《努力成为世界主要科学中心和创新高地》一文中指出："要推动企业成为技术创新决策、研发投入、科研组织和成果转化的主体，培育一批核心技术能力突出、集成创新能力强的创新型领军企业。"习近平总书记指出："加快创新成果转化应用，彻底打通关卡，破解实现技术突破、产品制造、市场模式、产业发展'一条龙'转化的瓶颈。"因此，充分发掘科研机构和高等院校的基础科学、前沿科学研究能力，促进产学研结合，加强不同类型创新主体的技术转移和落地融合，是促进人工智能高质量发展、带动建设世界科技强国的重要途径。

第 4 章
AI 创新链基础通用技术中国专利分析

4.1 深度学习技术

深度学习的概念源于对人工神经网络的研究。2006 年，神经网络先驱辛顿（Hinton）提出了神经网络深度学习算法，这一创新显著提高了神经网络的性能。随后，随着卷积神经网络（CNN）、循环神经网络（RNN）、生成对抗网络（GAN）等深度学习算法的不断演进，计算模型学习知识、解决问题的能力和效率均得到了显著提升。从简单样本分析，到抽丝剥茧地发现隐蔽的相关性，实现因果关系和推理判断，再到应对更为复杂的系统性问题，深度学习技术的出现和持续发展，极大地推动了数据挖掘、自然语言处理、搜索技术、人脸识别、语音识别等不同 AI 场景技术的发展，为人工智能的崛起提供了重要支撑。由于深度学习技术对人工智能的引领和推动作用，我国的院校、企业等创新主体对该领域的重视程度不断提高，该领域的高价值专利与日俱增。

4.1.1 专利申请趋势分析

根据图 19 中显示的数据，截至 2023 年年底，我国深度学习领域的专利申请数量达到了 360602 件。特别值得注意的是，自 2010 年以来，随着多层神经网络技术的突破和基于反向传播算法的深度学习技术的进步，该领域的发展经历了质的飞跃，计算机对数据资源的应用以及自主学习、认知和判断能力的快速提升，进一步凸显了深度学习技术在引领和支持人工智能领域的作用，因此专利申请数量也呈现快速增长的趋势。2016 年，AlphaGo 击败李世石引发了人工智能技术的发展热潮。随后，2017 年，我国将人工智能提升为国家战略，在技术与政策双红利的推动下，我国深度学习技术进入了高速发展阶段。2022 年年底，OpenAI 推出现象级大模型产品 ChatGPT，迅速引发了人工智能市场的关注和热情。全球科技巨头也加快了 AI 模型的技术创新迭代，如谷歌、Meta 等行业巨头相继推出 PaLM、Llama 等大模型产品，而国内的百度、阿里巴巴等互联网领军企业也纷纷推出了基于深度学习的文心一言、通义千问等大模型产品。

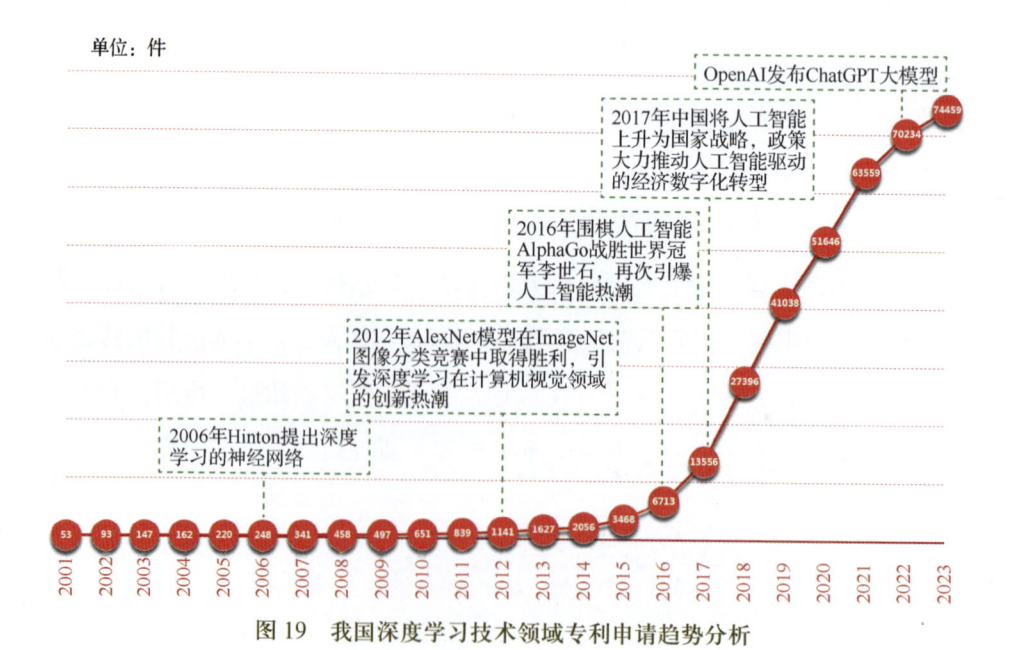

单位：件

年份	数量
2001	53
2002	93
2003	147
2004	162
2005	220
2006	248
2007	341
2008	458
2009	497
2010	651
2011	839
2012	1141
2013	1627
2014	2056
2015	3468
2016	6713
2017	13556
2018	27396
2019	41038
2020	51646
2021	63559
2022	70234
2023	74459

注释节点：
- 2006 年 Hinton 提出深度学习的神经网络
- 2012 年 AlexNet 模型在 ImageNet 图像分类竞赛中取得胜利，引发深度学习在计算机视觉领域的创新热潮
- 2016 年围棋人工智能 AlphaGo 战胜世界冠军李世石，再次引爆人工智能热潮
- 2017 年中国将人工智能上升为国家战略，政策大力推动人工智能驱动的经济数字化转型
- OpenAI 发布 ChatGPT 大模型

图 19 我国深度学习技术领域专利申请趋势分析

2023年，深度学习领域的专利申请数量达到了7.4万余件，创下了目前年度申请数量的峰值。结合国家"十四五"规划对深度学习及机器学习框架的重视程度，以及专利申请公开滞后因素，预计该领域的技术研发和专利申请仍将保持高速增长的发展态势。

4.1.2 专利申请数量和授权数量排名

在深度学习技术领域，我国创新主体的专利申请数量呈现出蓬勃的发展态势。根据图20中的数据分析，排名前十的创新主体中，企业与高等院校平分秋色。这表明科研院所和领先科技企业在深度学习领域具有丰富的理论基础和研究资源，同时对科研创新给予高度重视。值得注意的是，国内创新主体的专利申请量远超授权专利数量，主要原因是大部分专利申请处于审中状态。这一阶段需要更加注重对高价值专利的培育和引导，并加强侵权预警，以确保专利技术的合法权益。

单位：件

创新主体	申请数量	授权数量
百度公司	5412	1233
国家电网	3721	825
腾讯公司	3028	1055
浙江大学	2561	1187
平安科技	2394	277
清华大学	2344	1003
电子科大	2120	959
华南理工大学	1839	564
东南大学	1805	574
天津大学	1704	419

图20 我国在深度学习技术领域前十创新主体专利申请数量和授权数量排名

具体来看，百度公司在深度学习领域的专利申请数量达到5412件，位列第一。国家电网、腾讯公司、平安科技等企业紧随其后。科研院所中，浙江大学、清华大学和电子科技大学（电子科大）等排名靠前，尤其是浙江大学和清华大学，在授权专利数量方面占据重要位置。这些创新主体在深度学习领域实施了长期的技术研发策略和专利布局战略，形成了一定的先发优势。

值得注意的是，开源框架的开发者创新生态和品牌影响力日益成为主导行业话语权的重要力量。长期以来，谷歌、脸书等欧美公司占领了深度学习开源框架的绝大部分市场，而百度公司率先引领了国内深度学习开源框架的构建与实践。2016 年，百度"PaddlePaddle"（飞桨）正式开源，打破了欧美国家对产业级深度学习开源框架的垄断，在贸易保护主义盛行、逆全球化势力抬头的竞争时代具有极其重要的战略意义。至今，飞桨核心框架已覆盖模型的开发、训练、推理阶段，并提供了深度学习工程化落地的核心技术支持。此外，清华"Jittor"（计图）、旷视"MegEngine"（天元）、华为"MindSpore"、阿里巴巴"GL"（Graph-Learn，原 AliGraph）等开源框架也相继推出，与百度飞桨一起共同推进国内深度学习技术领域，形成相互促进、加速创新的全新生态基础设施，激发更大的创新动力，创造更高的产业价值。

综合来看，技术革新和政策红利的双重利好促使国内企业和高等院校加速技术创新的步伐，使得深度学习技术领域的科技竞争日趋激烈。同时，作为人工智能的基础通用技术，深度学习技术的前沿基础理论和关键共性技术的突破迭代，将进一步推动人工智能产业的全链发展。

4.1.3 主要创新主体技术分布

从图 21 中可以看出，相较于计算机视觉和智能云领域，深度学习技术在专利申请中表现出较高的集中度，主要集中在以下分支，即 G06N3/04（体系结构，如互连拓扑）、G06N3/08（学习方法）和G06K9/62（应用电子设备进行识别的方法或装置）。

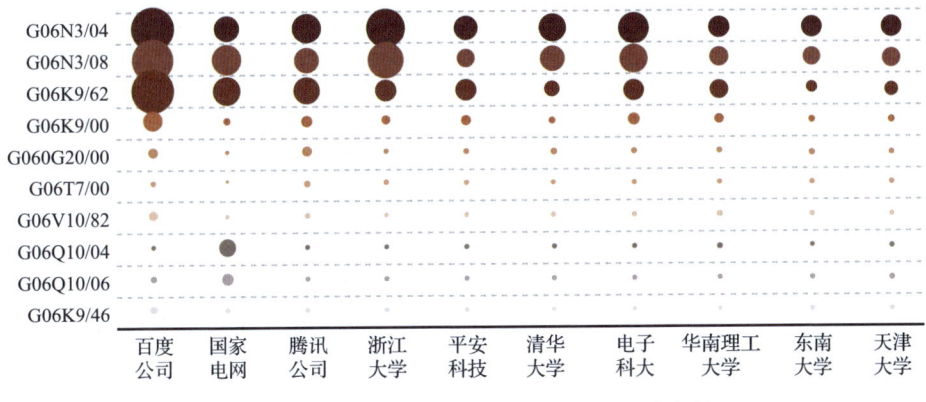

图 21　深度学习技术领域主要创新主体技术布局

4.1.4　专利法律状态分析

对深度学习技术领域的技术专利进行法律状态分析，约 50% 的专利处于公开或实质审查阶段（审中状态）（见图 22），这表明我国深度学习领域近年来成为发展的热点和重点。同时，约有 32.7% 的专利已经授权，说明该领域的专利竞争已进入高发时期，部分创新主体已经积累了一定的技术优势，并确立了一定的先发地位。因此，针对不同类型的创新主体，包括成熟型、成长型和初创型，都需要加强知识产权研究，制定符合其自身特点的知识产权发展战略，以规避风险，并获取长期的技术竞争优势。

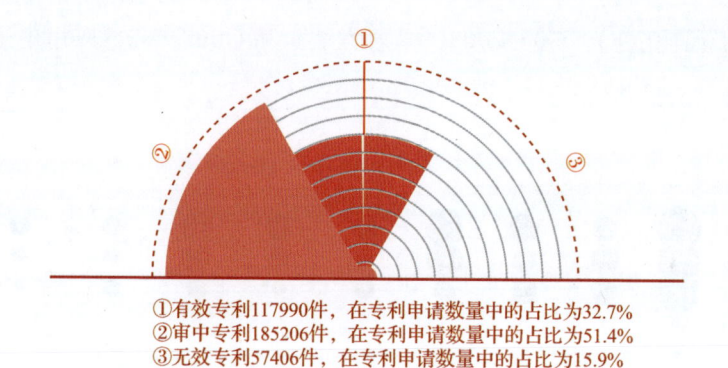

①有效专利117990件，在专利申请数量中的占比为32.7%
②审中专利185206件，在专利申请数量中的占比为51.4%
③无效专利57406件，在专利申请数量中的占比为15.9%

图22 我国深度学习技术领域的专利法律状态分析

4.1.5 高价值专利及创新驱动力分析

根据高价值专利评价模型的五大指标维度（创造力、保护力、运用力、竞争力、影响力），对深度学习技术领域高价值专利的主要创新主体及其创新驱动力进行评价，得到的排名情况如表2所示。

表2 我国深度学习技术领域高价值专利的主要创新主体及其创新驱动力排名

排　名	创新主体	得　分
第一名	百度公司	92.10
第二名	腾讯公司	91.08
第三名	阿里巴巴	89.60
第四名	华为公司	89.29
第五名	平安科技	89.15

从表2中可以看出，企业方面表现突出的包括百度公司、腾讯公司、阿里巴巴等互联网企业以及华为公司、平安科技等企业。这些企业在技术应用性方面表现较强，涉及的相关产品包括百度 PaddlePaddle、百度 AutoDL、腾讯优图、阿里巴巴 X-DeepLearning、华为 MindSpore 等，这些产品在市场上

具有较大的影响力。

根据图 23 所示，我国深度学习技术领域的主要申请人的高价值专利技术布局显示出一些明显的热点。首先，卷积神经网络是热点领域，接下来是强化学习、联邦学习、图神经网络和循环神经网络。在这些领域中，百度公司在卷积神经网络和循环神经网络方面的技术布局最为突出，同时也在其他方面有相当的高价值专利储备。阿里巴巴在强化学习、联邦学习和图神经网络方面也有较多的高价值专利布局。总体来看，以百度和阿里巴巴为代表的企业在深度学习技术领域展现出了数量较多、范围较广的高价值专利布局，这有利于技术的快速转化和实际应用。

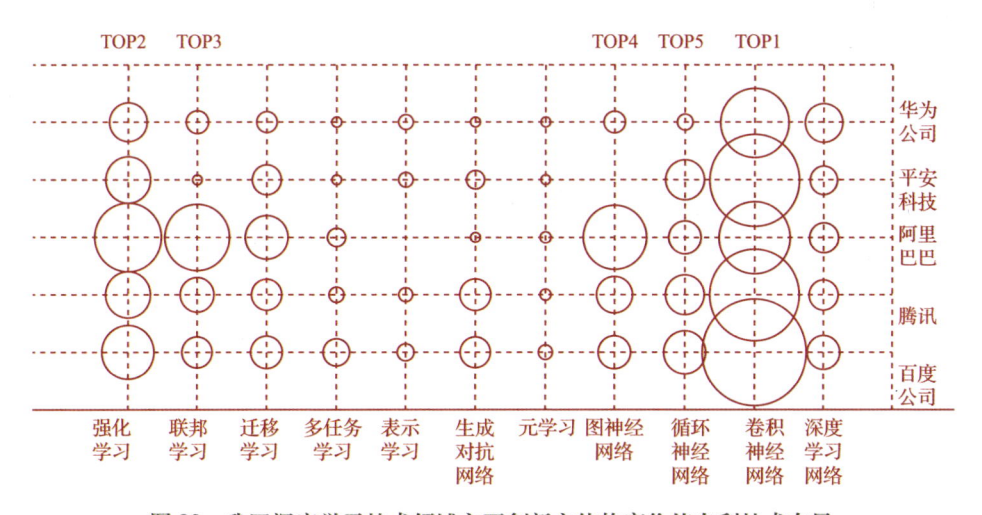

图 23　我国深度学习技术领域主要创新主体的高价值专利技术布局

另外，根据图 24 中的数据显示，在深度学习创新主体中，拥有超过 3000 人的高价值专利发明人团队中，百度和国家电网分别拥有较大规模的团队，人数分别为 3331 人和 7101 人。这表明它们在深度学习技术领域具有较高的重视程度，并且有良好的人才储备战略。进一步从人均产出考察，除平安科技由于发明人较少导致人均产出较高以外，百度和阿里巴巴的人均产出相对较高，分别达到 0.85 件 / 人和 0.68 件 / 人，而国家电网的人均产出较低。

这表明百度和阿里巴巴的团队在深度学习技术领域有较强的技术创新实力和生产效率。

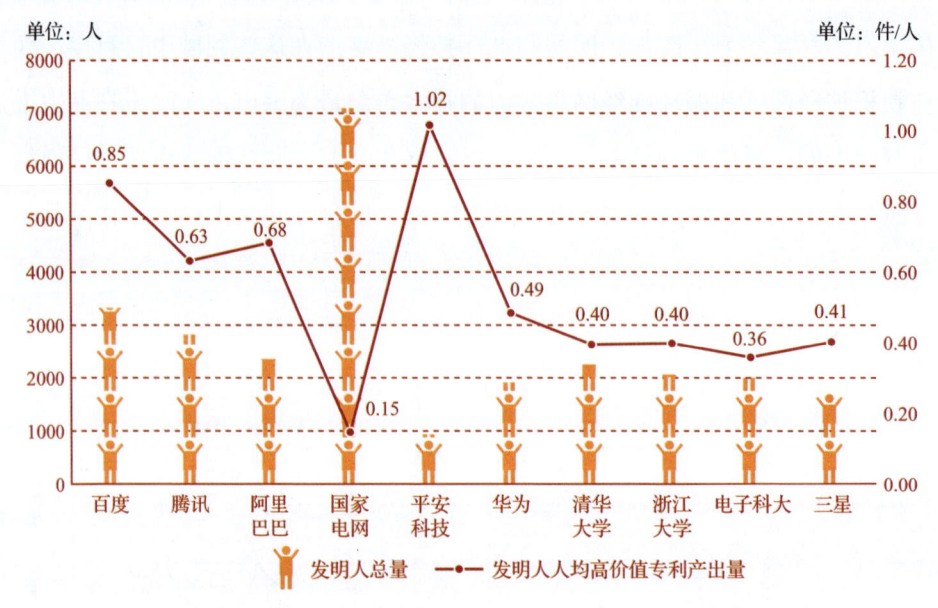

图 24　我国深度学习技术领域主要创新主体高价值专利发明人对比

4.1.6　大模型技术专利分析

基于深度学习技术的 AI 大模型领域，我国公开专利数量超过 4.4 万件，其中有效专利超过 1.3 万件，占比 29.5%，处于审查状态的专利超过 2.7 万件，占比 62.0%。此外，AI 大模型领域的发明专利数量达到 4.35 万件，占比高达 98.37%，显示出随着深度学习、神经网络等 AI 技术的突破，我国创新主体在模型领域专利布局方面加速行动，模型层领域专利创新具有较高的价值。随着大模型应用场景的不断拓展，未来大模型领域专利的运营和转化运用能力将进一步得到提升。

从图 25 中可以看见，高价值专利技术布局主要集中在模型训练、模型微调及模型结构等技术领域，其中模型结构领域的高价值专利布局最为突出，占比达 22%。国内产品如文心一言、通义千问等大模型的相继问世，标志着 AI 大模型相关技术应用取得了重要突破。特别是预训练及微调技术的发展，显著提升了大模型的功能性能，成为我国创新主体关注的热点领域，并积累了大量的创新成果。

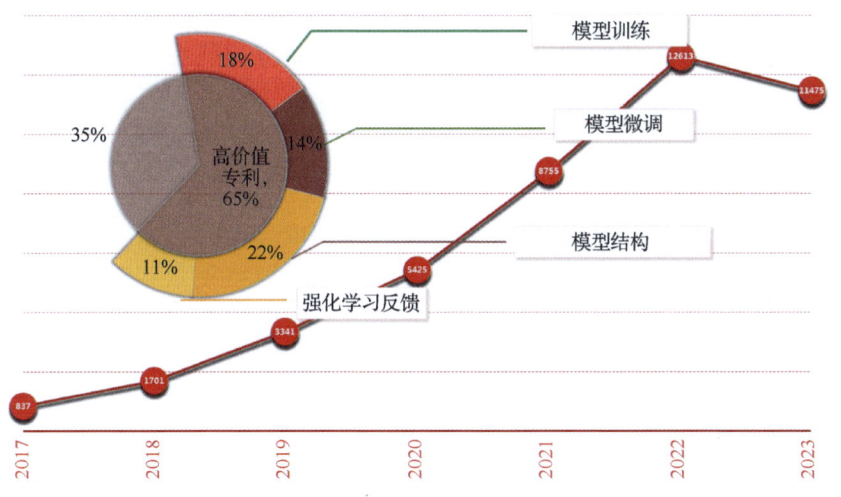

图 25　我国大模型技术领域专利申请趋势及高价值专利技术构成

总体而言，深度学习在技术和应用方面近十年来都取得了突破性进展。例如，深度学习的应用使得计算机在解决图像、语音等感知类问题方面取得了重大突破，达到接近甚至超越自然人水平的程度。尽管深度学习仍然存在一些局限性，但其令人振奋的进展已经将人工智能推向了一个新的时代。当下，在深度学习推动人工智能技术向更广泛应用落地的同时，深度学习技术本身也在不断发展。深度学习框架和平台作为 AI 大模型基础设施，对深度学习技术的研发和应用支撑至关重要，我国企业在参与激烈的国际竞争的同时，也面临着重要的发展机遇。

4.2 知识图谱技术

知识图谱是人工智能的一大底层技术,是描绘实体之间关系的语义网络,自带语义、逻辑含义和规则。知识图谱将非线性世界中的知识信息结构化、可视化,辅助人类进行推理、预判、归类。当前,各类厂商分别通过自然语言处理、知识库、数据库、数据平台或中台、机器学习等产品逐步接触到知识图谱,并在已有的业务基础上叠加知识图谱产品,或开发出独立的知识图谱产品业务线。其中,网络搜索引擎、知识图谱可视化、行业知识图谱、内部搜索引擎、大数据知识图谱是当前知识图谱的五大产品形态。

4.2.1 专利申请趋势分析

截至2023年年底,知识图谱领域共申请专利68546件,呈现持续增长的趋势。自2012年,受算法与数据理论推动,知识图谱技术迅速发展,专利申请量大幅增加,凸显了该领域得到各创新主体的重视。到2023年,知识图谱专利申请数量达到峰值,共计1.2万余件,如图26所示。考虑到国家数字化转型和智能化发展的总体战略,知识图谱技术将在人工智能技术与应用全面发展的进程中扮演更为重要的角色,得到更广泛的研究和应用。

单位：件

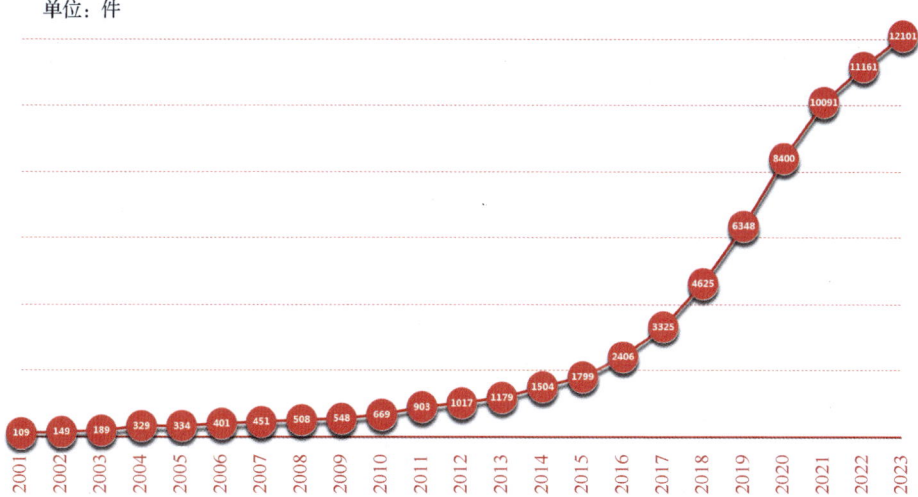

图 26　我国知识图谱领域的技术专利申请趋势分析

（2001: 109, 2002: 149, 2003: 189, 2004: 329, 2005: 334, 2006: 401, 2007: 451, 2008: 508, 2009: 548, 2010: 669, 2011: 903, 2012: 1017, 2013: 1179, 2014: 1504, 2015: 1799, 2016: 2406, 2017: 3325, 2018: 4625, 2019: 6348, 2020: 8400, 2021: 10091, 2022: 11161, 2023: 12101）

4.2.2　专利申请数量和授权数量排名

由图 27 可知，排名第一的百度公司在知识图谱领域的发展源于其搜索业务，凭借其在搜索领域的多年积累，百度知识图谱已覆盖十亿级实体、千亿级事实，并涉及 40 多个类目，是规模最大的中文知识图谱之一。自 2014 年起，百度就一直在知识图谱领域保持着专利申请数量的第一名。此外，最早提出知识图谱概念的谷歌公司也在我国布局有较多专利，并跻身前十。

此外，结合时间维度看，百度公司、腾讯公司、阿里巴巴和平安科技都在 2015 年前后加大在知识图谱领域的投入，并同步加强技术专利的申请与布局工作。特别是在 2020 年，百度公司的专利申请数量有了显著增长，体现了其对该领域的重视与投入。此外，以华为公司、清华大学、微软公司和谷歌公司为代表的创新主体，相对更早地布局于知识图谱领域，并保持了较为稳定的增长态势。这进一步反映了知识图谱技术在人工智能场景中的基础通用技术属性，对于应用的支撑作用。随着智能革命的到来，知识图谱领域将得到更为广泛的应用和更加快速的发展，领域内的知识产权竞争也将变得更加激烈。

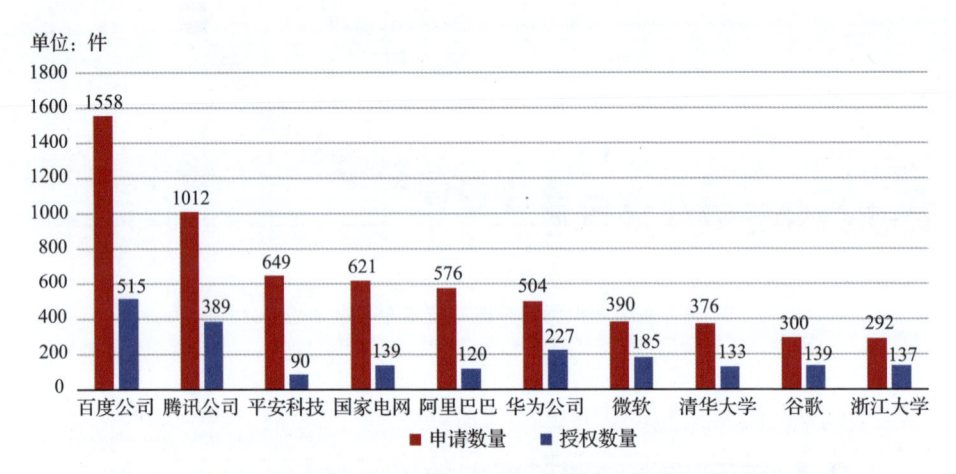

单位：件

创新主体	申请数量	授权数量
百度公司	1558	515
腾讯公司	1012	389
平安科技	649	90
国家电网	621	139
阿里巴巴	576	120
华为公司	504	227
微软	390	185
清华大学	376	133
谷歌	300	139
浙江大学	292	137

图 27 我国知识图谱领域前十创新主体的专利申请数量和授权数量排名

4.2.3 主要创新主体技术分布

由图 28 可知，前十名创新主体在知识图谱领域的技术分支主要集中在 G06F17（特别适用于特定功能的数字计算设备或数据处理设备或数据处理方法）和 G06F16（信息检索、数据库结构、文件系统结构）两个类别上。其中，百度公司在 G06F17、G06F16 两个分支上的专利布局最多。在技术分布方面，G06F16/36（语义工具的产生，如本体论或词典）无疑是知识图谱领域专利布局的热门方向。此外，G06N3/04（体系结构，如互连拓扑）、G06F17/30（信息检索、数据库结构、文件系统结构）也得到了较多的关注。

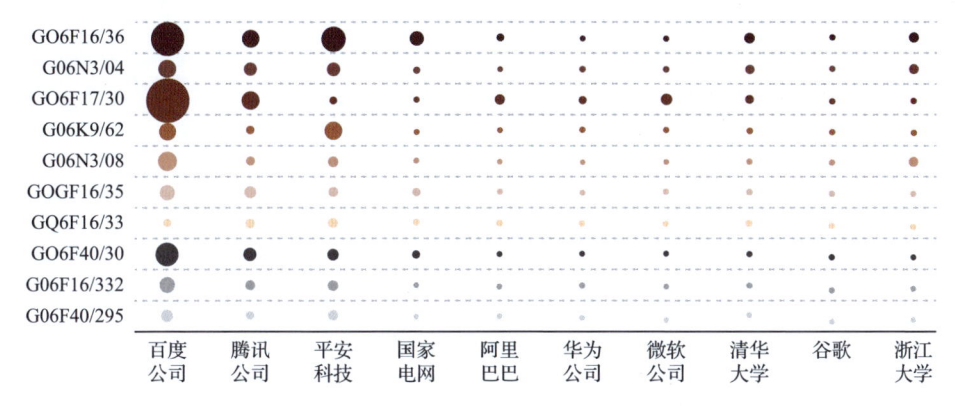

图 28　我国知识图谱领域前十创新主体技术构成分析

4.2.4　专利法律状态分析

从图 29 中可以看出，我国知识图谱领域的有效专利数量占总申请专利数量的 32.3%，而处于审中状态的专利占比最高，达到 44.7%。这表明大部分专利尚处于审查过程中。因此，可以得出知识图谱技术仍处于技术发展期的结论。在这一阶段，各创新主体需要在制定技术路线、产品策略和市场规划的同时，加强知识产权软实力建设，培育和积累高质量专利，以提早构建技术优势。

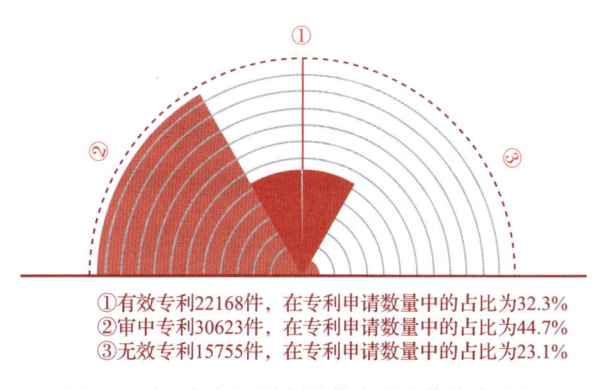

①有效专利 22168 件，在专利申请数量中的占比为 32.3%
②审中专利 30623 件，在专利申请数量中的占比为 44.7%
③无效专利 15755 件，在专利申请数量中的占比为 23.1%

图 29　我国知识图谱领域的专利法律状态分析

4.2.5 高价值专利及创新驱动力分析

对我国知识图谱领域高价值专利的主要创新主体及其创新驱动力进行评价，得到的排名情况如表 3 所示。

表 3　我国知识图谱领域高价值专利主要创新主体及其创新驱动力排名

排　　名	创新主体	得　　分
第一名	百度公司	92.46
第二名	阿里巴巴	92.03
第三名	华为公司	91.80
第四名	清华大学	91.66
第五名	平安科技	91.27

从表 3 中可以看出，百度公司和阿里巴巴的知识图谱领域的高价值专利得分较高。百度公司在知识图谱领域进行了较长时间的研究和积累，建立了通用图谱和针对不同应用场景的事件图谱、多媒体图谱等多种类型的图谱。阿里巴巴则综合应用实体识别、实体链接和语义分析等技术，构建了巨大的知识图谱。清华大学作为唯一挤进前五的科研院校，位列第四名。而排名第三和第五的分别是华为公司和平安科技。

从图 30 中可以看出，我国知识图谱领域的高价值专利技术主要集中在信息抽取、关系抽取、事件抽取、知识表示和实体链接领域。尤其在信息抽取领域，专利申请数量最多，而知识表示领域布局的企业最多。针对创新主体的分析显示，百度公司在知识图谱各个分支都有专利申请，并且在各分支的申请数量均排名靠前，显示了其较强的综合创新实力。

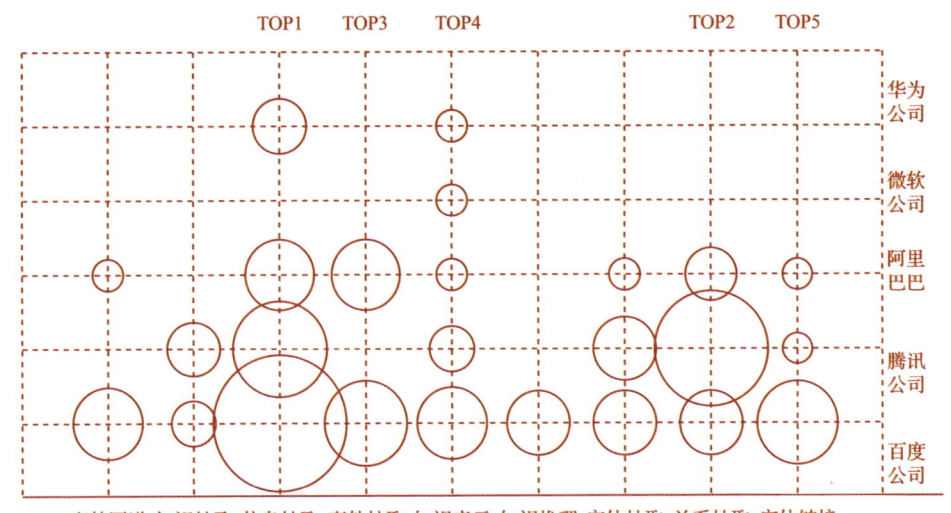

图 30　我国知识图谱领域主要创新主体高价值专利技术布局

进一步分析图 31 可以看出，知识图谱高价值专利发明人团队规模排名第一的是百度公司（1613 人），紧随其后的是国家电网（1411 人）和腾讯公司（1381 人）。在发明人人均高价值专利产出量方面，除平安科技由于发明人总量较少导致的人均产出过高以外，其他企业的人均高价值专利产出量差距不大。综合来看，百度、腾讯、阿里巴巴等企业在发明团队配置方面相对合理与均衡，综合创新实力较强。

综上，随着人们对知识的关注日益增加，知识图谱的研究与研发将不断深化。面对互联网环境下多样、复杂的信息，推动知识结构化和智能化将是最佳选择。知识图谱解决方案将具有极高的应用价值。自 2012 年以来，以百度、腾讯等为代表的国内科技公司依托自身业务，在搜索引擎、电商、医疗等领域开始应用知识图谱技术。解决方案服务商们也将该技术扩展到安防、金融、教育等更多领域，使人工智能跳出感知智能的商业限制，更进一步地解决各行业生产环节中的核心问题。

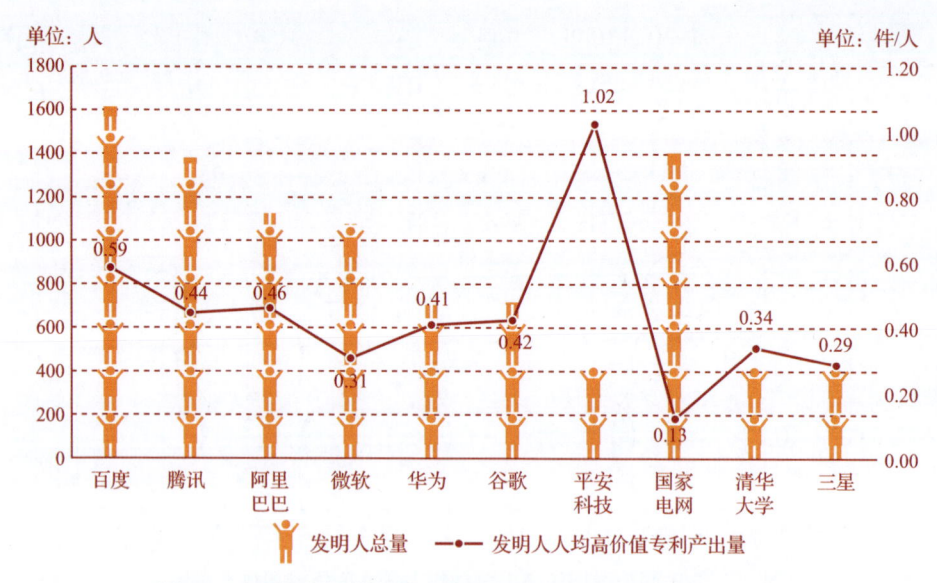

图 31 我国知识图谱领域主要创新主体高价值专利发明人对比

4.3 智能芯片技术

从广义角度来看，智能芯片可以视为能够运行人工智能算法的芯片；从狭义角度来看，智能芯片主要是指针对人工智能算法做了特殊加速而设计的芯片。因此，智能芯片也称为"人工智能加速器"，即专门用于处理人工智能应用中大量计算任务的模块（其他非计算任务仍由 CPU 负责）。

4.3.1 专利申请趋势分析

如图 32 所示为我国智能芯片领域的专利申请趋势。

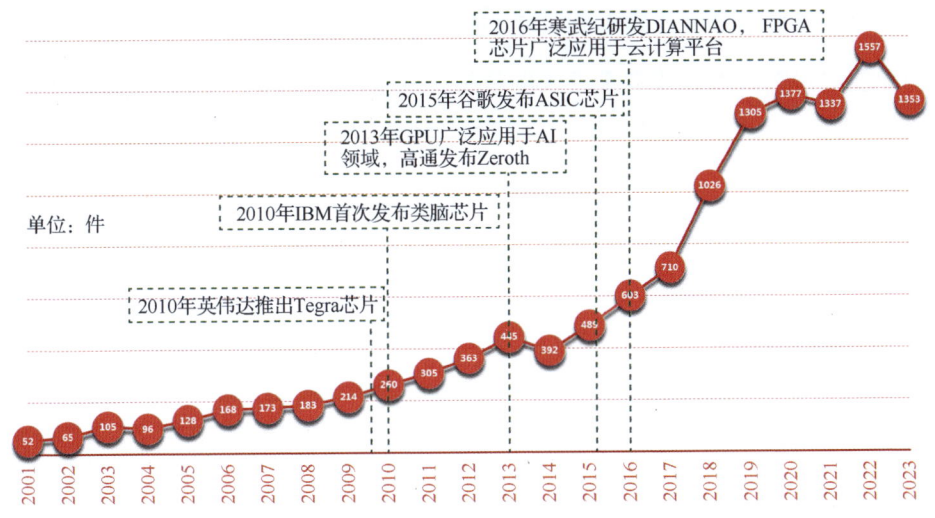

图 32 我国智能芯片领域的专利申请趋势

截至 2023 年年底，我国智能芯片领域共申请专利 12706 件，其发展历程可划分为以下几个阶段：2007 年以前，通用的 CPU 芯片能够提供足够的计算能力，而人工智能的研究和应用受到算法、数据等因素的限制，因此这个阶段的智能芯片专利申请在幅度和速度上都十分有限。2008 年至 2010 年，随着高清视频、游戏行业的发展，GPU 产品取得了快速突破，并逐步应用于人工智能领域，推动了智能芯片技术的快速发展；2010 年至 2015 年，在云计算技术的助推下，CPU 和 GPU 混合运算成为主流；2015 年至今，谷歌发布 ASIC 智能芯片，通过硬件和芯片架构设计，极大地提升了计算效率，并促使智能芯片领域进入高速增长阶段。

4.3.2 专利申请数量和授权数量排名

近年来，我国智能芯片领域呈现出快速发展的趋势。从图 33 中可以看出，寒武纪公司、百度公司、浪潮集团、中科院所、华为公司、电子科技大学（电子科大）以及清华大学均名列其中。特别值得一提的是，寒武纪公司目前处于专利申请数量和授权数量领先的位置。此外，英特尔、英伟达也在我国市场进行重点专利布局。这表明，作为人工智能产业上游的芯片领域竞争越发激烈。

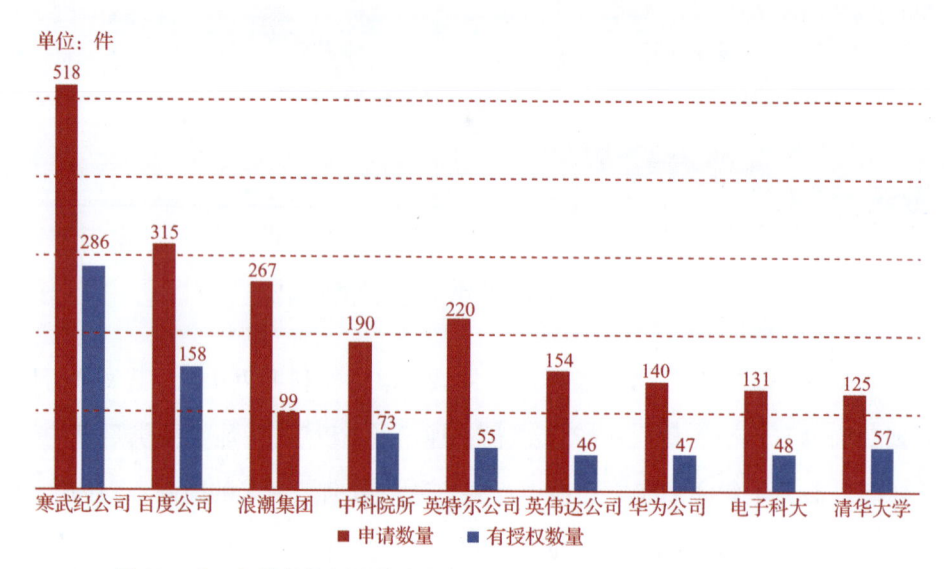

单位：件

创新主体	申请数量	有授权数量
寒武纪公司	518	286
百度公司	315	158
浪潮集团	267	99
中科院所	190	73
英特尔公司	220	55
英伟达公司	154	46
华为公司	140	47
电子科大	131	48
清华大学	125	57

图 33　我国智能芯片领域前十创新主体的专利申请数量和授权数量排名

4.3.3　主要创新主体技术分布

根据图 34 所示的技术分布，G06N3（基于生物学模型的计算机系统）是智能芯片领域的关键技术分支，而 G06F9（程序控制装置）则是各创新主体重点布局的技术分支。寒武纪、百度公司等创新主体的研究方向主要集中在 G06N3 和 G06F9 技术分支上。在其他技术分支中，排名前十的创新主体也在 G06F13（信息或其他信号在存储器、输入/输出设备或者中央处理机之间的互连或传送）、G06F15（通用数字计算机）等技术分支上进行了不同程度的技术创新和布局。

浪潮集团 寒武纪公司 中科院所 英特尔公司 百度公司 英伟达公司 华为公司 电子科大 三星集团 清华大学
■ G06N3 ■ G06F9 ■ G06F13 ■ G06E15 ■ G06F17 ■ G05B19 ■ G06F11 ■ G06T1 ■ G01R31 ■ G06F7

图 34 我国智能芯片领域前十创新主体技术分布

结合时间维度分析，智能芯片领域重点技术分支的发展趋势表明，G 部（物理学）和 H 部（电学）的专利申请数量分别占智能芯片领域全部专利数量比重的 77.1% 和 27.7%。特别是在 G06N（基于特定计算模型的计算机系统）和 G06F（电数字数据处理）技术分支上，以 G06N3（基于生物学模型的计算机系统）和 G06F9（程序控制装置）为代表的技术，其专利布局的集中度较高，共占全部专利数的近 55.5%。此外，G06K、H04L 及 H04N 也是智能芯片领域所涉及的主要技术分支。从总体上来说，智能芯片产业的专利布局集中在 G06N 和 G06F 基础技术分支上，其中竞争尤为激烈。

此外，G06N3（基于生物学模型的计算机系统）和 G06F9（程序控制装置）是近几年智能芯片领域的主要增长技术分支。显然，智能芯片领域的专利申请主要集中在数据处理系统、神经网络系统、图形识别、语音识别等技术分支上，这些分支无疑是该领域的重点研究和发展方向。

4.3.4 专利法律状态分析

通过图 35 可以看出，我国智能芯片领域的有效专利占比为 39.1%，审中专利的占比为 31.7%，而无效专利的占比为 29.1%，这表明智能芯片领域正处于技术快速发展的阶段。在这一阶段，需要更加关注专利的布局战略和运营策略，以夯实产业发展的技术基础，并建立攻守平衡的知识产权软实力。

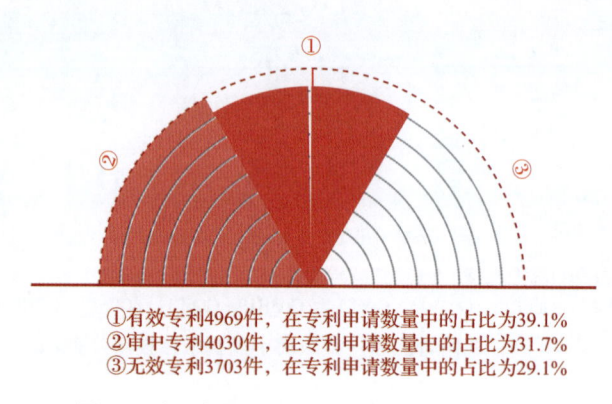

①有效专利 4969 件，在专利申请数量中的占比为 39.1%
②审中专利 4030 件，在专利申请数量中的占比为 31.7%
③无效专利 3703 件，在专利申请数量中的占比为 29.1%

图 35　我国智能芯片领域专利的法律状态分析

4.3.5 高价值专利及创新驱动力分析

对智能芯片领域主要创新主体的高价值专利及其创新驱动力进行评价，得到的排名情况如表 4 所示。

表 4　我国智能芯片领域主要创新主体的高价值专利及创新驱动力排名

排　名	创新主体	得　分
第一名	寒武纪	90.71
第二名	华为公司	90.25
第三名	浪潮集团	89.65

续表

排　名	创新主体	得　分
第四名	百度公司	88.37
第五名	国家电网	85.28

从表4中可以看出，前五名均为国内企业。其中，寒武纪作为新兴企业近年来异军突起，在专利布局方面表现突出，且专利质量较高；华为公司、浪潮集团、百度公司和国家电网分别位列第二名至第五名，也是智能芯片行业中的重要创新主体。

根据图36显示的专利技术布局，我国智能芯片领域高价值专利的技术布局热点包括处理器、加速器、机器学习、乘法器和网络处理器。其中，处理器技术分支的专利申请数量最多，主要创新主体为寒武纪、百度公司和英特尔公司；其次为加速器技术分支，申请数量最多的创新主体仍为上述三家企业。综合来看，寒武纪是目前国内智能芯片领域专利布局较为全面的企业，紧随其后的百度公司和英特尔公司则各有侧重。

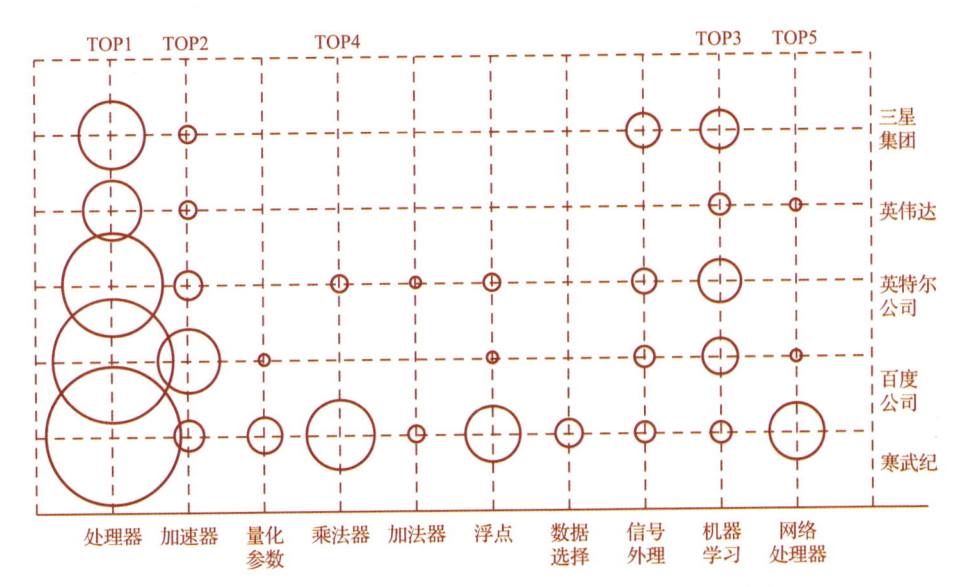

图36　我国智能芯片领域主要创新主体高价值专利的技术布局

从图 37 中可知，在智能芯片领域的主要创新主体中，百度公司的发明人团队规模居首位，其次是英特尔公司，而寒武纪由于成立时间较短，其高价值专利发明人团队规模最小，仅为 24 人。对比而言，在发明人人均高价值专利产出量方面，由于寒武纪公司专利发明人多为"不公告发明人"，因此无法对其发明人进行去重操作，导致该企业的数据无法准确反映其真实水平。此外，浪潮集团、华为公司和百度公司的人均产出量相对高，基本在 0.35 件/人左右。综合考虑发明人团队规模和人均高价值专利产出两项指标，可以得出，建立一定规模且人均产出较高的研发团队是保证创新主体长期发展的重要基础。若团队规模较大但人均产出有限，需进行一定的整合与汇集以提高效率；而如果团队规模较小但人均产出较高，则需要进一步扩充人才资源，以便为未来发展预留潜力空间。

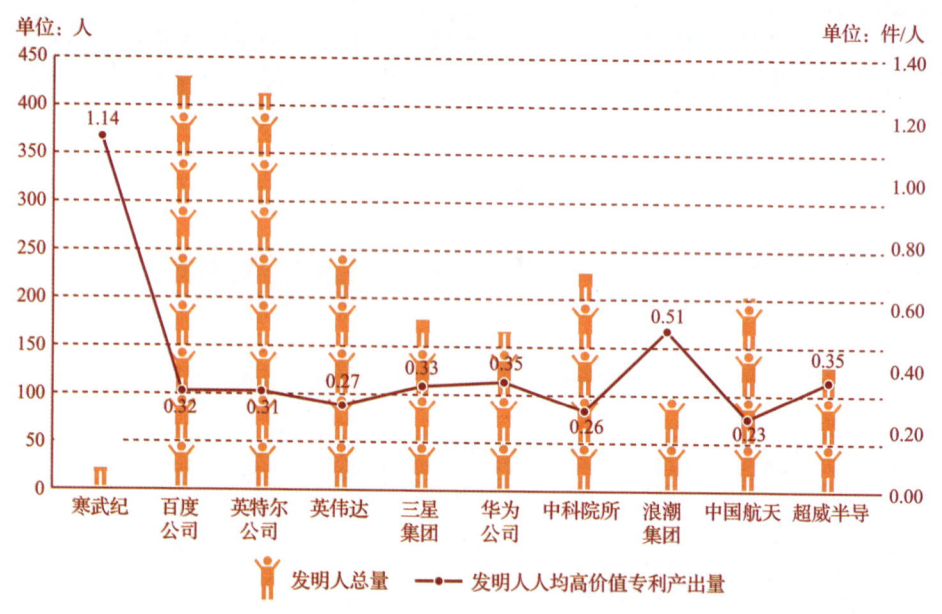

图 37 我国智能芯片领域主要创新主体高价值专利发明人对比

综上，从人工智能及芯片发展的宏观趋势来看，我国智能芯片目前仍处于起步阶段，无论在科研还是产业应用方面都存在巨大的提升空间。可以预见，从确定算法、应用场景的智能加速芯片向具备更高灵活性、适应性的通用智能芯片发展是技术发展的必然趋势。随着我国政府不断加大对人工智能和芯片领域投入的不断增加，未来几年将是我国智能芯片技术突破发展的重要阶段，产业竞争格局将取决于各企业的技术积累和转化落地的综合质量。

4.4 量子计算技术

量子计算是一种依据量子力学规律调控量子信息单元进行计算的新型模式。相较于传统通用计算机以通用图灵机为理论模型，通用量子计算机则采用了用量子力学规律重新诠释的通用图灵机。在可计算问题方面，量子计算机与传统计算机能解决的问题相同，但在计算效率上，由于量子力学叠加性的存在，一些已知的量子算法在处理问题时速度可能比传统通用计算机更快。

4.4.1 专利申请趋势分析

截至2023年年底，我国量子计算领域共申请专利7797件，呈现出指数型上涨趋势。根据图38可知，量子计算技术专利申请经历了三个发展阶段：技术瓶颈期（2001年至2008年）、稳定增长期（2009年至2015年）和快速增长期（2016年后）。2016年后，伴随科技企业积极布局，量子计算技术进入了技术验证和原理样机研制阶段，专利布局也呈现出逐年攀升的趋势。从专利申请数量的角度来看，量子信息技术仍处于期望膨胀阶段，而要实现技术成熟和落地应用，还需要一代又一代的时间；而从专利申请趋势上看，自2016年以来，量子信息技术一直在加速发展，这与当前传统计算技术迭代速度逐渐放缓，而计算场景对算力需求快速增长的矛盾升级密切相关。

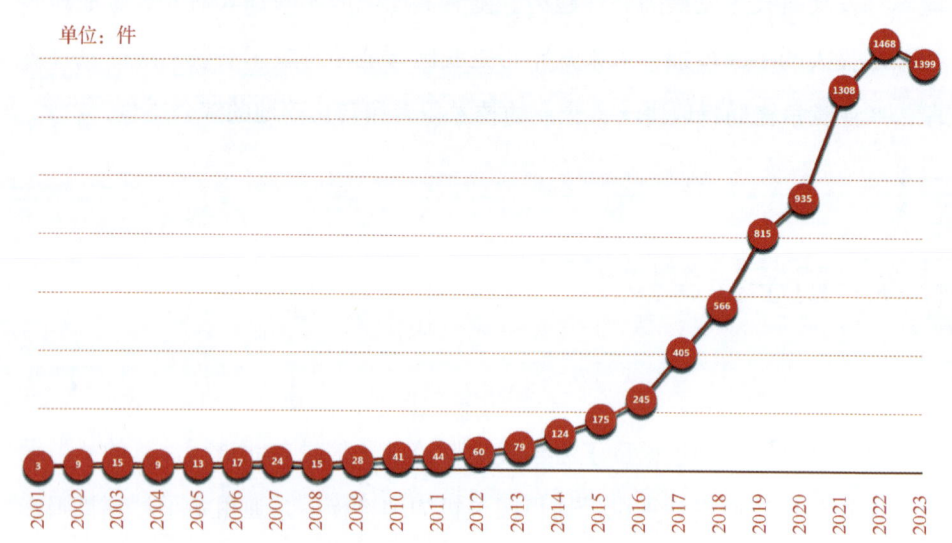

单位：件

年份数据：2001:3, 2002:9, 2003:15, 2004:9, 2005:13, 2006:17, 2007:24, 2008:15, 2009:28, 2010:41, 2011:44, 2012:60, 2013:79, 2014:124, 2015:175, 2016:245, 2017:405, 2018:566, 2019:815, 2020:935, 2021:1308, 2022:1468, 2023:1399

图 38 我国量子计算领域的技术专利申请趋势分析

4.4.2 专利申请数量和授权数量排名

从图 39 可以看出，我国量子计算领域排名前十的创新主体中，包括 6 家企业和 4 所高等院校。在量子计算领域，美国一直处于领先地位，众多国际巨头如 IBM、谷歌、英特尔等积极展示实力，争夺"第二次量子革命"的头筹。我国在国家政策的推动下，如"自然科学基金"、"863"计划以及重大专项等，已经总体上处于全球第一梯队。中国科学技术大学潘建伟和陆朝阳团队研发的"九章"量子计算机模型，构建了 76 个光子，速度比谷歌 2019 年发布的 53 个超导比特的量子计算机"西克莫"(Sycamore) 快一百亿倍。同时，潘建伟团队利用"墨子号"量子科学实验卫星，在国际上首次实现量子安全时间传递的原理性实验验证，为未来构建安全的卫星导航系统奠定了基础。此外，百度、阿里巴巴、华为、腾讯等互联网企业纷纷建立量子计算实验室或者研究所，致力于量子计算技术的发展，主要集中在算法、软件等方面的研发。初创公司如合肥本源量子（合肥本源）、科大国盾量子（科大国盾）和如般量子等也展现快速的发展态势，并在专利申请数量上取得一定优势。然而，从图 39 中可以看出，量子计算领域的专利申请数量仍十分有限，大多仍处于"科学研究"阶段，尚需进一步积累与深耕。鉴于量子科技的重要性，有必要进一步加强政策支持和推动，促进产学研结合和创新协作，以开放的创新思维应对"量子革命"的到来。

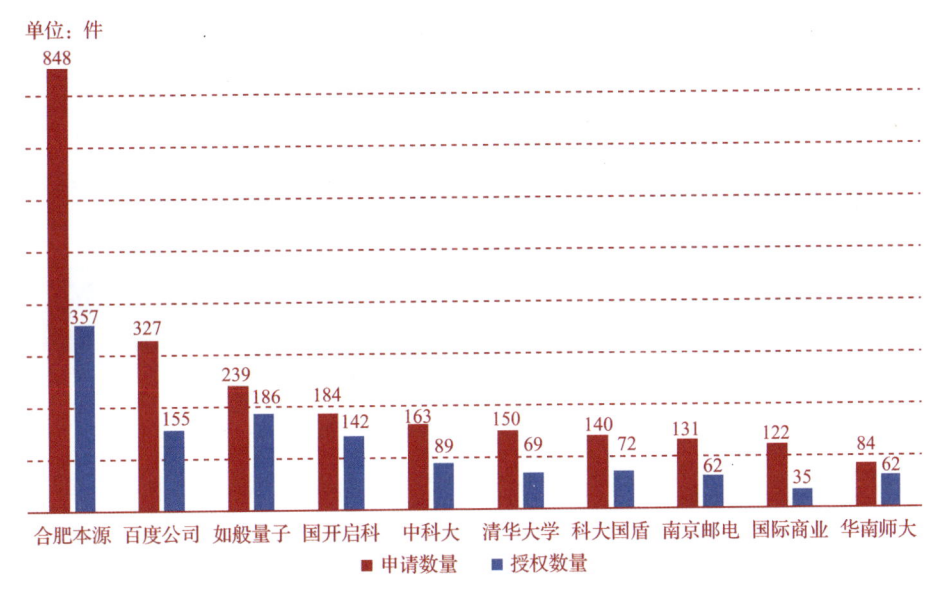

单位：件

创新主体	申请数量	授权数量
合肥本源	848	357
百度公司	327	155
如般量子	239	186
国开启科	184	142
中科大	163	89
清华大学	150	69
科大国盾	140	72
南京邮电	131	62
国际商业	122	35
华南师大	84	62

图 39　我国量子计算领域前十创新主体专利申请数量和授权数量排名

4.4.3　主要创新主体技术分布

根据图 40 所示，量子计算领域的专利技术布局呈现出两个主要阵营。一方面，合肥本源、百度和 IBM 等公司重点在 G06N10（量子计算机）技术分支上展开布局；另一方面，如般量子、科大国盾、华南师范大学（华南师范）

等则着力于 H04L9（保密或安全通信装置）的研发。整体来看，前十名创新主体对 H04L9（保密或安全通信装置）、H04B10（利用无线电波以外的电磁波）、G06N10（量子计算机）等技术分支都十分重视。

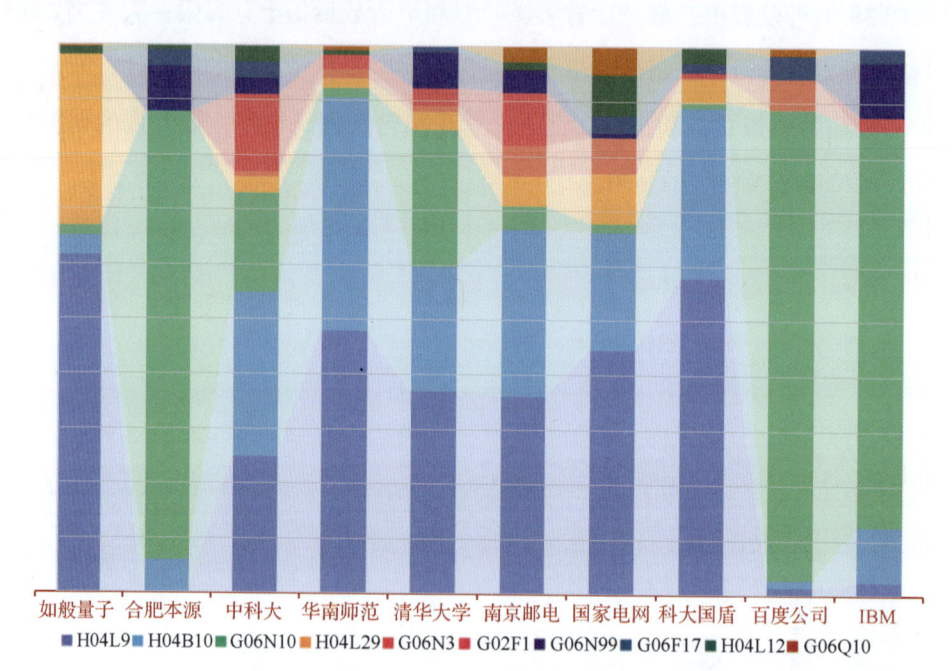

图 40　我国量子计算领域前十创新主体技术布局

从时间维度来看，目前国内量子计算研发聚焦于关键技术分支，包括量子算法、软件优化、量子误差校正、高级量子系统、量子技术可扩展性、子系统加速器、量子芯片等。从 IPC 分类号分析量子计算专利技术发展变迁，以下两类技术发展最为迅猛：首先是以 H04L9（保密或安全通信装置）为代表的数字信息传输技术，其在 2014 年后发展壮大，是量子计算领域专利量最大的技术分支；其次是以 G06N10 为代表的量子计算机技术。量子计算领域的专利申请主要集中在 G 部和 H 部，前十名分类号包括 H04L9、H04B10、G06N10、H04L29、G06N3、G02F1、G06N99、G06F17、G06K9、H04L12。其中，排名第一的是 H04L9，主要涵盖了保密或安全通信装置相关专利，申请数量为1314件；排名第二的是H04B10，包括利用无线电波、量子通信等的传输系统相关专利，申请数量为645件，占比18.6%；排名第三的是G06N10，主要包含量子计算机相关专利，申请数量为569件，占比16.4%。可见，我国量子计算技术研究仍处于初级阶段。

4.4.4　专利法律状态分析

从图41中可以看出，我国量子计算领域的有效专利及处于审中状态的技术专利占比超过85%，而无效专利占比14%。这一较低的无效专利是人工智能领域中最低的，暗示着该领域内的创新主体相对有限。这反映了量子计算技术仍处于技术发展期，尚需进一步技术突破和创新落地才能实现产业化规模化发展。

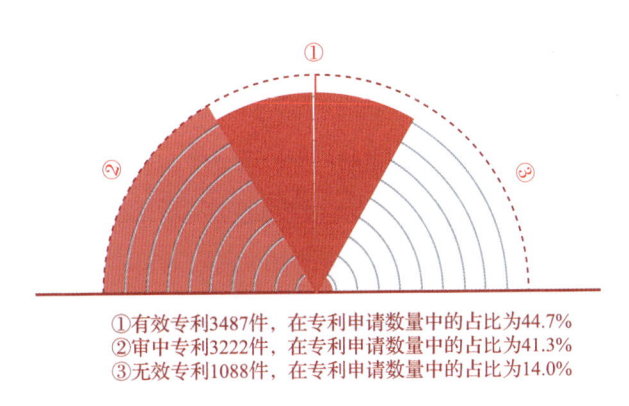

① 有效专利3487件，在专利申请数量中的占比为44.7%
② 审中专利3222件，在专利申请数量中的占比为41.3%
③ 无效专利1088件，在专利申请数量中的占比为14.0%

图41　我国量子计算领域的专利法律状态分析

4.4.5　高价值专利及创新驱动力分析

对量子计算领域主要创新主体的高价值专利及其创新驱动力进行评价，

得到的排名情况如表 5 所示。

表 5　我国量子计算领域主要创新主体的高价值专利及其创新驱动力排名

排　名	创新主体	得　分
第一名	IBM 公司	93.52
第二名	谷歌公司	92.56
第三名	百度公司	92.29
第四名	英特尔公司	90.13
第五名	合肥本源	87.41

量子计算作为新兴的技术领域，在主要创新主体的高价值专利及其创新驱动力排名中，国外企业占据前五名的大多数，包括 IBM、谷歌、英特尔等。这些企业在量子计算领域研发和投入较早，专利储备充足，专利质量相对较高。相比之下，我国企业在该领域起步较晚，积累较为有限，部分企业虽有较多专利申请，但专利质量与国外企业相比仍存在差距。其中，我国的百度和合肥本源量子两家企业分列第三位和第五位，这两家企业仍需进一步加大技术研发力度，注重高价值专利的储备。

如图 42 所示，在量子计算的细分技术领域中，创新主体的高价值专利主要集中在量子态、量子计算机、量子通信网络、量子线路和节点。其中，量子态领域的专利申请数量最多，而节点领域是企业布局最多的领域。从创新主体的角度来看，百度的专利布局最为全面，在 10 个主要技术分支中布局了 9 个，显示出百度在量子计算领域的均衡布局和综合创新实力。此外，中国科技大学（中科大）和合肥本源在该领域也表现出较强的创新能力。

从量子技术主要创新主体的发明人团队来看，量子计算高价值专利发明人团队规模普遍较小，即使是排名前两位的中科大和 IBM，其团队规模也均未超过 150 人，如图 43 所示。如般量子和合肥本源虽然近年来专利申请势头强劲，但发明人团队规模相对较小，为防止人员流失，建议进一步进行人才储备，扩充发明人团队。综合来看，百度公司和华南师大的人均高价值专利产出较为占优。

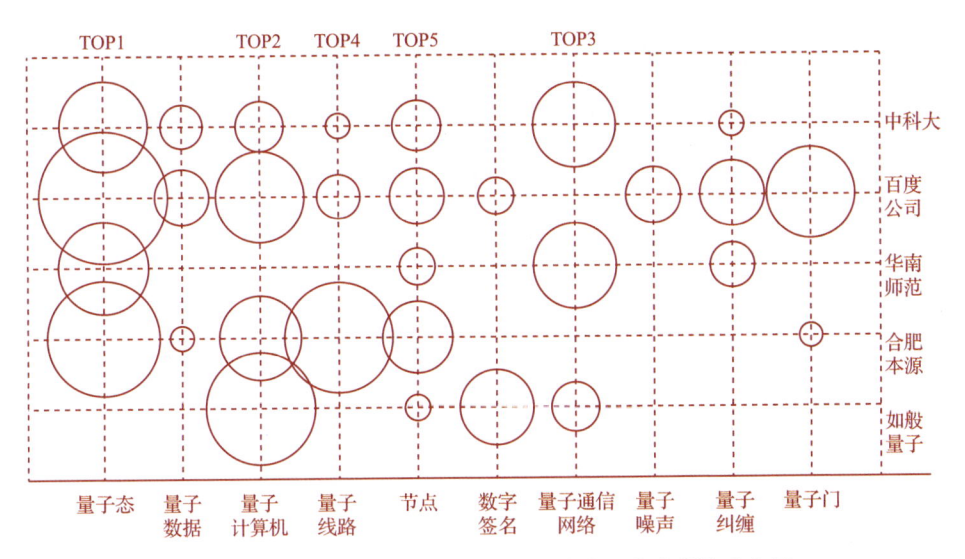

图 42　我国量子计算领域主要创新主体高价值专利技术布局

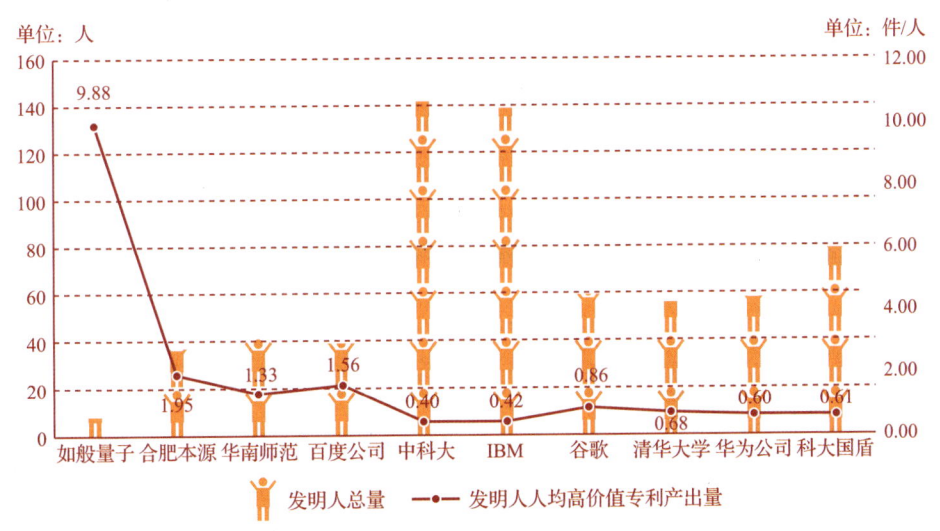

图 43　我国量子计算领域主要创新主体高价值专利发明人对比

综上，在科技部提出的"十四五"高新技术发展规划中，加强前瞻部署和大力发展以智能技术和量子技术为特征的新一代高新技术,以打造我国高新技术的先发优势。目前,量子计算已经成为新一轮科技革命和产业变革的前沿领域。

尽管量子计算领域取得了很多突破,但在技术和应用场景等方面仍不够成熟,距离正式商用还需要较长时间。因此,专利授权量虽然会随着专利申请数量的增加而有所增加,但知识产权的保护和发展还需依赖于量子计算技术水平的整体提升。

第 5 章
AI 创新链关键领域技术中国专利分析

5.1 自然语言处理技术

自然语言处理（Natural Language Processing，NLP）是指用计算机对自然语言的形、音、义等信息进行处理，包括对字、词、句、篇章的输入、输出、识别、分析、理解、生成等操作和加工。具体的应用形式包括机器翻译、文本摘要、文本分类、文本校对、信息抽取、语音合成、语音识别等。自然语言处理是一种研究语言能力的模型和算法框架，是语言学和计算机科学的交叉学科。自然语言处理作为人工智能的一个重要分支，在数据处理领域占有越来越重要的地位，如今已被大众熟知并广泛应用。

5.1.1 专利申请趋势分析

截至 2023 年年底，我国在自然语言处理领域共申请专利约 13.4 万件。深度学习技术推动了图像识别和语音识别等感知类问题取得重大突破。在此推动下，深度学习技术逐渐被引入自然语言处理研究中，表现为两个阶段：**积累期（2012 年至 2021 年）**和**颠覆期（2022 年至今）**。积累期以 Transformer 等全新神经网络框架为代表，为自然语言生成的深入研究奠定了基础，对后续深度学习框架的迭代及大模型发展具有开创性意义。2013 年自然语言处理模型 Word2Vec 诞生，使计算机可以更好地理解和处理文本数据。2014 年 GAN（生成对抗网络）的出现，标志着深度学习进入了生成模型研究的新阶段。2017 年，Google 提出颠覆性的基于自注意力机制的神经网络结构——Transformer 架构，奠定了大模型预训练算法架构的基础，使 AI 大模型的出现成为可能。在颠覆期，2022 年 OpenAI 公司推出了 ChatGPT 3.5 现象级产品，凭借逼真的自然语言交互能力与多场景内容生成能力，迅速引爆互联网。2023 年 3 月，最新发布的超大规模多模态预训练大模型——ChatGPT 4，具备了多模态理解与多类型内容生成能力。大数据、大算力和大算法的完美结合，大幅提升了大模型的预训练和生成能力以及多模态多场景应用能力。

从图 44 中可以看出，自 2015 年以后，自然语言处理领域的专利申请数量急剧增长。在部分专利申请尚未公开的情况下，2023 年的专利申请量仍达到 2.8 万余件，显示出自然语言处理领域在产业化和应用方面的持续增长趋势。

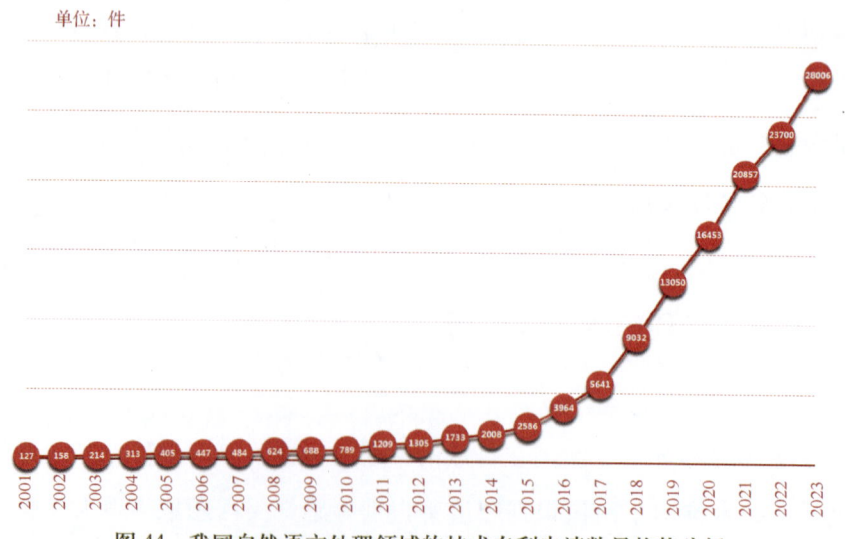

单位：件

年份	数量
2001	127
2002	158
2003	214
2004	313
2005	405
2006	447
2007	484
2008	624
2009	688
2010	789
2011	1209
2012	1305
2013	1733
2014	2008
2015	2586
2016	3964
2017	5641
2018	9032
2019	13050
2020	16453
2021	20857
2022	23700
2023	28006

图 44　我国自然语言处理领域的技术专利申请数量趋势分析

5.1.2　专利申请数量和授权数量排名

在自然语言处理领域，百度公司由于起步较早，自 2011 年至今一直保持专利申请数量第一的位置，在国内创新主体中技术积累最为丰厚。2015 年 5 月，百度公司发布了全球首个互联网神经网络翻译系统，领先谷歌公司 1 年 4 个月，并因此荣获了 2015 年年度国家科技进步奖。此外，平安科技也跻身前三名，如图 45 所示。尽管平安科技起步较晚，在 2018 年才开始在自然语言处理领域发力，但其专利申请数量呈迅速增长之势，成功升至国内前三的位置。

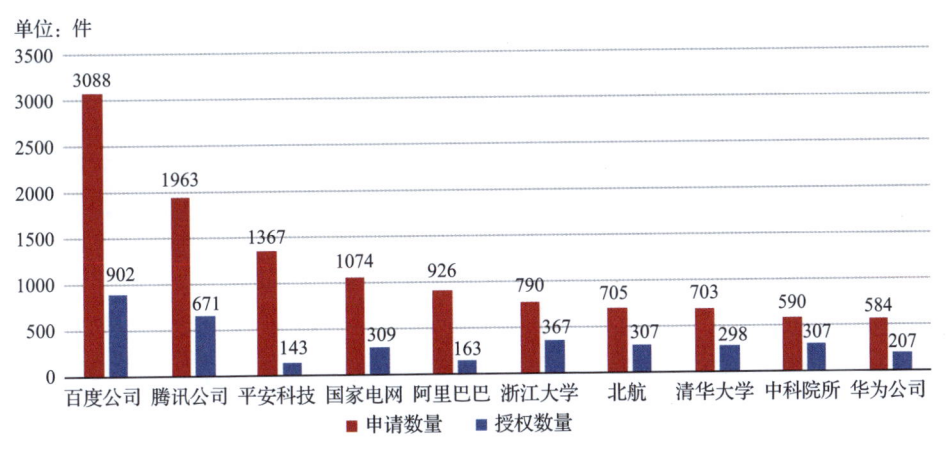

图 45　我国自然语言处理领域前十创新主体专利申请数量和授权数量排名

5.1.3　主要创新主体技术分布

从图 46 中可以看出，自然语言处理领域所涉及的技术分支较为分散，涵盖了多个方向，如 G06N3/08（学习方法）、G06K9/62（应用电子设备进行识别的方法或装置）、G06F40/30（语义分析）等。在众多专利权主体中，以百度公司作为代表的互联网企业具有丰富的资源积累和强大的技术研发实力，因此可以预见这类公司在自然语言处理技术的发展中起着重要作用。

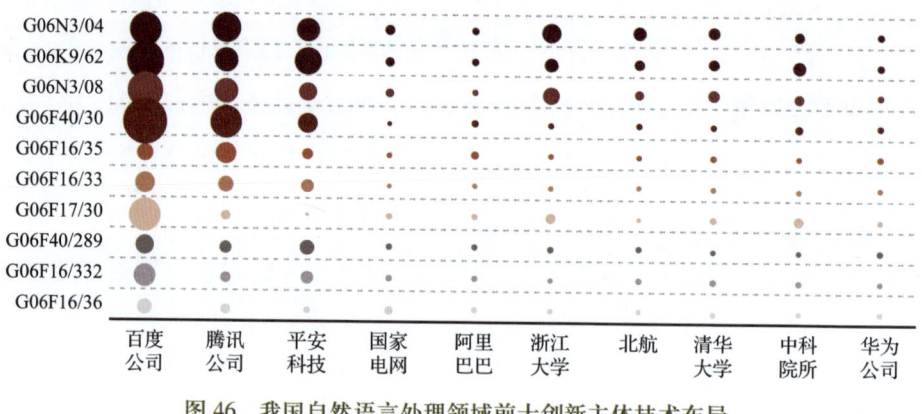

图 46　我国自然语言处理领域前十创新主体技术布局

从时间维度考虑，自然语言处理领域的主要研究方向包括短文本的计算与分析技术、跨语言文本挖掘技术、面向机器认知智能的语义理解技术以及多媒体信息理解的人机对话系统。从重点技术分支的年度专利申请趋势分析可知，各技术分支对整体增长态势的贡献有所不同，如 G06F16（信息检索、数据库结构、文件系统结构）和 G06F17（特别适用于特定功能的数字计算设备或数据处理设备或数据处理方法）两个技术分支的增长幅度最大。2019 年 1 月前划入 G06F17 的信息检索相关专利被单独分类为 G06F16，因此可以看出 G06F17 和 G06F16 技术分支的专利申请数量在 2019 年有明显的转移跳跃。自 2016 年以来，G06F40（处理自然语言数据）、G06K9（用于阅读或识别印刷或书写字符或者用于识别图形）、G06N3（基于生物学模型的计算机系统）等三个技术分支的专利申请数量明显增加，说明自然语言数据处理、文字及图像识别、神经网络等底层基础技术引起创新主体的重视。

5.1.4 专利法律状态分析

从图47中可以看出，我国自然语言处理领域约有48.6%的专利申请处于公开或实质审查阶段，即审中状态。这表明近三年提交的自然语言处理专利申请占比非常高，也暗示着该领域的技术创新呈现出井喷状态。另外，该领域的有效专利占比为32.2%。专利布局占比反映出各创新主体技术储备已具备相应规模，产业化推广将步入快速发展阶段。

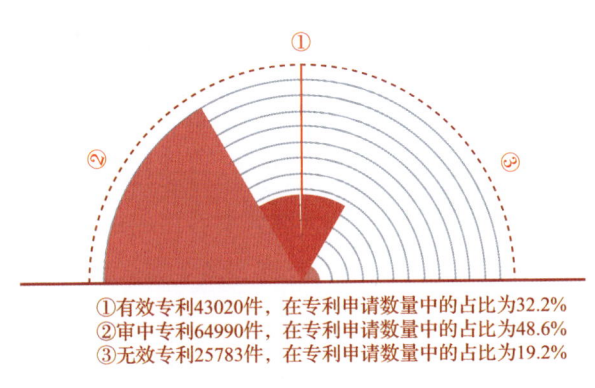

①有效专利43020件，在专利申请数量中的占比为32.2%
②审中专利64990件，在专利申请数量中的占比为48.6%
③无效专利25783件，在专利申请数量中的占比为19.2%

图47 我国自然语言处理领域的专利法律状态分析

5.1.5 高价值专利及创新驱动力分析

对自然语言处理领域主要创新主体的高价值专利及其创新驱动力进行评价，得到的排名情况如表6所示。

表6 我国自然语言处理领域主要创新主体的高价值专利及其创新驱动力排名

排名	创新主体	得分
第一名	百度公司	97.13
第二名	微软公司	94.07

续表

排　名	创新主体	得　分
第三名	腾讯公司	93.87
第四名	阿里巴巴	92.91
第五名	平安科技	89.68

从表6可以看出，百度公司以97.13分排名第一，与第二名拉开较大差距。自然语言处理技术对于百度公司的搜索服务质量提升至关重要，并作为人工智能关键技术，对于百度公司的整个人工智能技术和产品线发展至关重要。因此，百度公司一直非常重视自然语言处理技术的研究，在国内该领域也长期处于领先地位。微软公司、腾讯公司和阿里巴巴的得分也较高，可见其技术研发能力较强，且专利质量较高。综合来看，在国内自然语言处理技术领域，以百度公司为首的互联网公司的专利质量普遍占优。

根据图48可知，我国在自然语言处理领域主要创新主体高价值专利的技术布局热点第一是人机对话，第二是语义理解，第三是神经网络语言，第四是自动问答，第五是机器翻译。近五年的发展趋势在于：多轮交互、神经网络语言模型、需求理解意图识别。围绕这些热点，百度公司是相关高价值专利布局最多的创新主体。此外，百度公司在自然语言处理的基础技术——词法分析、语法分析方面也较其他创新主体具有技术优势，并且在篇章理解这一不太热门技术分支布局了一些高价值专利。可见，在我国自然语言处理领域，百度公司不仅布局的高价值专利最多，而且涉及范围更广。

从图49中可以看出，在我国自然语言处理领域主要创新主体中，有两家高价值专利发明人团队规模超过2000人，分别为百度公司（2098人）和国家电网（2537人）。尽管国家电网的团队规模最大，但其人均产出并不高。相比之下，百度公司在该领域的团队规模和人均产出量相对较高。平安科技公司由于发明人团队人数较少，导致人均产出为1.26件/人，这表明目前的研发人员技术创新实力较强，活跃度较高。从长期来看，平安科技应该扩大发明人团队，以进行更深入的布局和技术研发。综合来看，在我国自然语言处理领域，百度公司具有稳定的发明人团队，综合创新实力较强，且发明人的个人技术能力也相对较强。

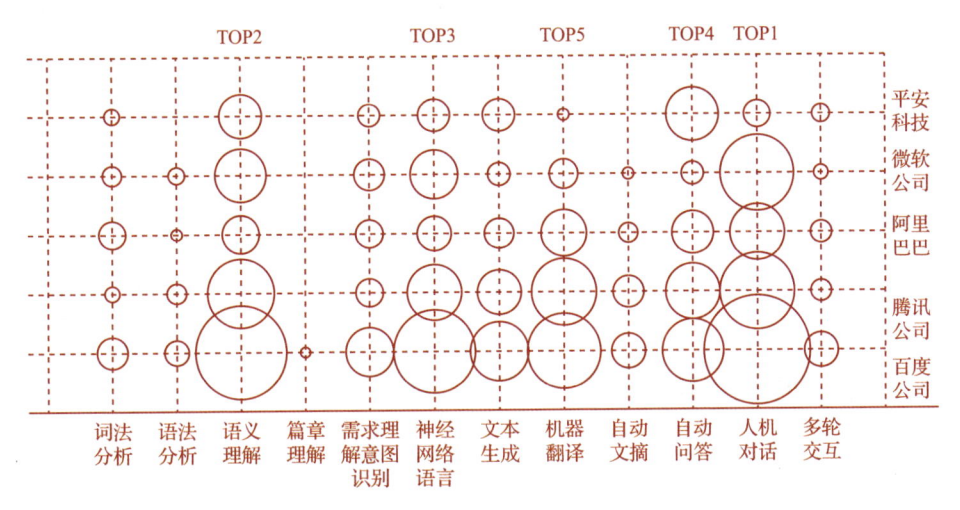

图 48　我国自然语言处理领域主要创新主体高价值专利技术布局

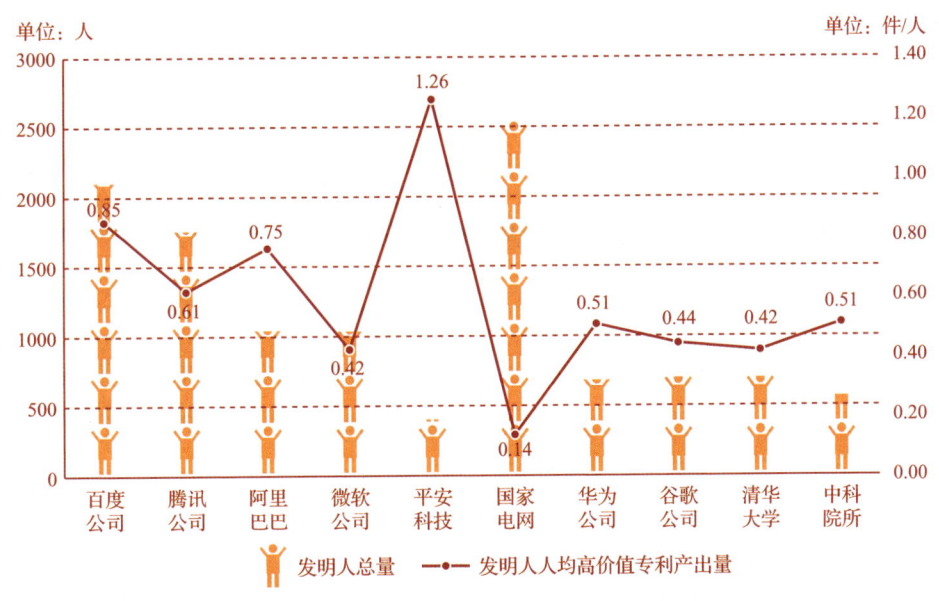

图 49　我国自然语言处理领域主要创新主体高价值专利发明人对比

综上，近年来随着技术的发展，人们意识到传统的基于句法－语义规则的理性主义方法过于复杂，而基于统计的经验主义方法也只能在数据获取方面取得有限进展。随着语料库的建设，大规模的语言数据处理成为了自然语言处理的主要发展趋势。与此同时，在自然语言处理中利用机器学习来获取语言知识的方法也越来越普遍。此外，自然语言处理也越来越重视词汇的作用，并出现了"词汇主义"，词汇知识库的建立已成为自然语言处理领域发展的热点技术。目前，自然语言处理领域的研究已经从文字拓展到语音识别、句法分析、机器翻译、机器学习和信息检索等多个方面。提升计算机处理自然语言的能力已成为未来人工智能技术研究的一大热点。

5.2 智能语音技术

智能语音技术是实现人机语言通信的重要技术，涵盖了语音识别技术（ASR）和语音合成技术（TTS）。智能语音技术涉及多类型学科，其核心技术包括语音合成、语音识别、声纹识别、自然语言理解、语音去噪等关键技术。智能语音技术的研究以语音识别技术为开端，可以追溯到 20 世纪 50 年代。智能语音技术也是国内最早落地、市场上众多人工智能产品中应用最为广泛的技术，在车载语音、智慧教育、智能安防、智能家居、智慧医疗等多个领域都有应用。

5.2.1 专利申请趋势分析

从图 50 中可以看出，截至 2023 年年底，我国在智能语音技术领域申请的专利约有 10.1 万件，发展经历了以下几个阶段：在 2011 年之前，我国智能语音技术的发展处于起步阶段，主要集中在语音识别初步从孤立词汇识别系统向大词汇量连续语音识别系统的转变。2011 年，微软研究院提出的基于上下文相关深度神经网络和隐马尔可夫模型的声学模型，显著提升了大词汇量连续语音识别系统的性能，促使大量研究人员开始转向深度学习在智能语音技术领域的研究。近年来，智能语音技术领域的研究方向主要集中在端到端神经网络及针对实际应用中的算法优化。2016 年，机器语音识别准确率第一次达到人类水平，标志着智能语音技术进入了落地期。受此影响，2016 年至今，我国智能语音技术进入了高速发展阶段，语音识别准确率已达到 98%，相应的专利申请量大幅增长。

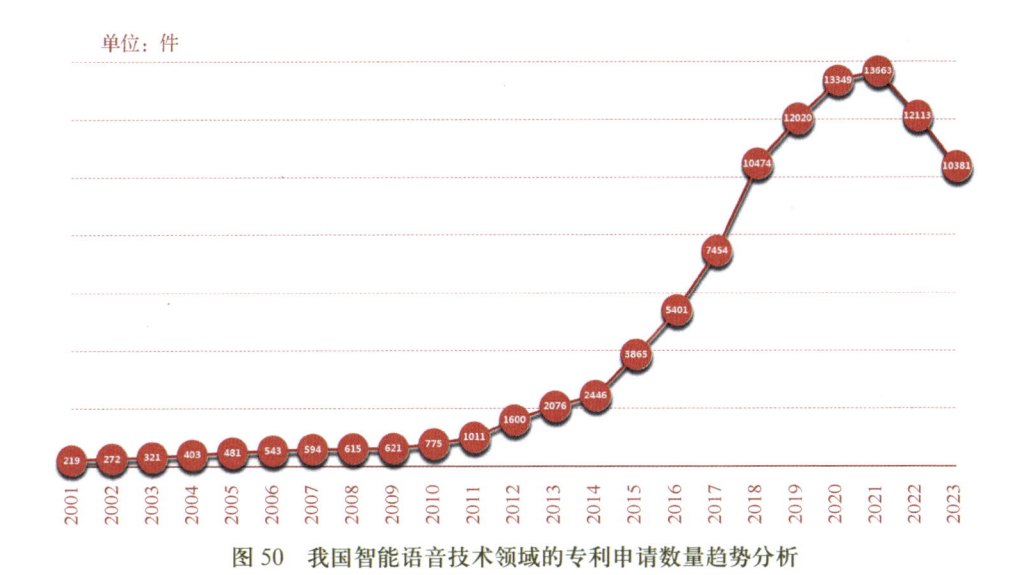

单位：件

年份	数量
2001	219
2002	272
2003	321
2004	403
2005	481
2006	543
2007	594
2008	615
2009	621
2010	775
2011	1011
2012	1600
2013	2076
2014	2446
2015	3865
2016	5401
2017	7454
2018	10474
2019	12020
2020	13349
2021	13663
2022	12113
2023	10381

图 50 我国智能语音技术领域的专利申请数量趋势分析

5.2.2 专利申请数量和授权数量排名

从图 51 中可以看出，百度公司在智能语音技术领域申请了 1968 件专利，显示了其较强的研发投入和专利竞争实力。腾讯公司、平安科技、科大讯飞和阿里巴巴分别位列第二名至第五名，属于第二梯队。值得注意的是，前十名的创新主体均为企业，这表明智能语音技术领域正在逐渐步入相对稳定的技术成熟期，市场应用前景受到广泛看好，企业在专利申请和研发布局方面也更加活跃。

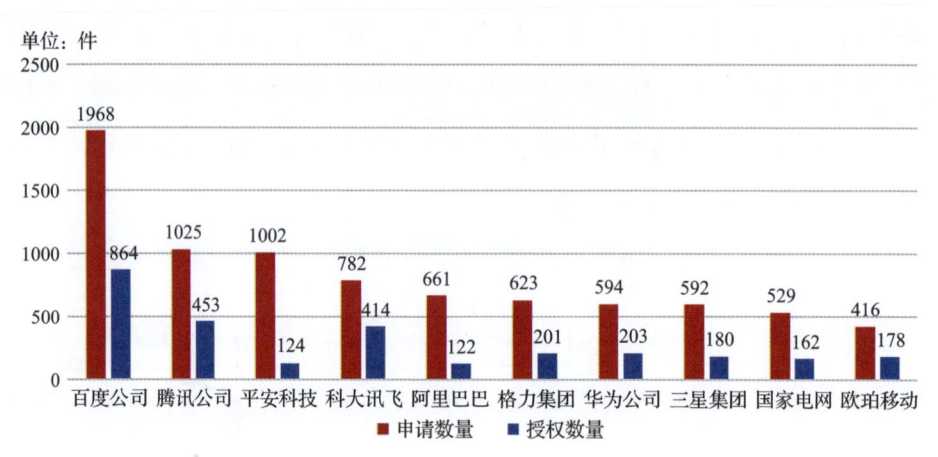

单位：件

创新主体	申请数量	授权数量
百度公司	1968	864
腾讯公司	1025	453
平安科技	1002	124
科大讯飞	782	414
阿里巴巴	661	122
格力集团	623	201
华为公司	594	203
三星集团	592	180
国家电网	529	162
欧珀移动	416	178

图 51 我国智能语音技术领域前十创新主体专利申请数量和授权数量排名

就授权量而言，百度公司以 864 件授权专利排名第一，腾讯公司和科大讯飞分别以 453 件和 414 件授权专利位列第二名和第三名。特别是根据德勤研究，科大讯飞近年来市场份额稳居第一，竞争优势十分明显。

5.2.3　主要创新主体技术分布

从图 52 中可以看出，不同创新主体在智能语音技术领域的专利布局上各有侧重，显示出竞争态势的多样化。百度公司在 G10L15/22（在语音识别过程中，如在人机对话过程中使用的程序）和 G10L15/26（语音－正文识别系统）两个技术分支的专利数量最多，腾讯公司则选择 G10L15/26 和 G10L15/02（语音识别的特征提取；识别单位的选择）两个技术分支进行了重点布局。科大讯飞在 G10L15/26 和 G10L15/06（创建基准模板；训练语音识别系统，如对说话者声音特征的适应）方面表现出极大的活跃度。

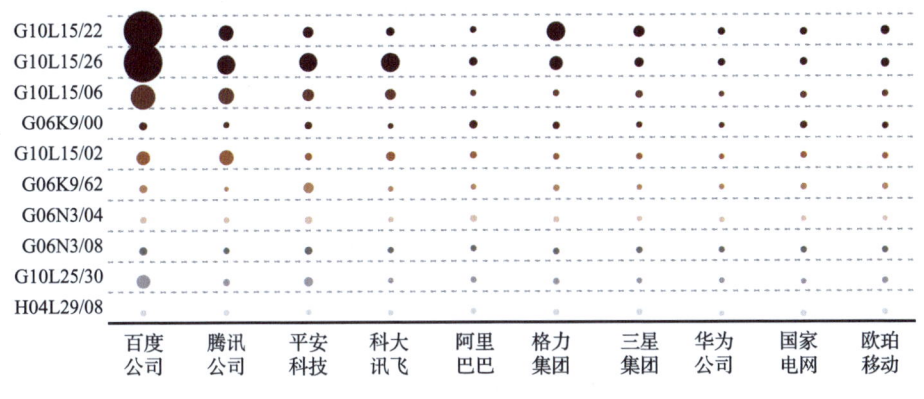

图 52　我国智能语音技术领域前十创新主体技术布局

近年来，智能语音技术整体呈现快速发展，在不同技术分支的情况各异。从年度技术发展趋势分析可知，智能语音技术涉及声学研究、模式识别研究、通用自然语言处理技术研究，以及垂直场景的深度语义理解等方面。其中，G10L15（语音识别）是增长最快的重点技术分支。G10L25（不限于组 G10L15/00-G10L21/00 的语言或者声音分析技术）、G06K9（用于阅读或识别印刷或书写字符或者用于识别图形）、G06F16（信息检索；数据库结构；文件系统结构）等技术分支呈现连续的技术布局，这反映出智能语音技术在达到关键进展后（如机器语音识别准确率达到人类水平等），智能家居、智能车载、智能客服等多种应用场景获得了强大的技术支撑，推动了市场规模的扩大，并激发了新一轮的技术革新。

5.2.4 专利法律状态分析

从图 53 中可以看出，我国智能语音技术领域中的无效专利占比最高，达到 34.4%。一方面，说明有众多创新主体已投入该领域研究和产业化应用，创新门槛有所降低；另一方面，说明在激烈的市场竞争中，注重高价值专利的培育、储备和保护至关重要，是创新主体取得长效发展、谋求生态优势的重要支撑。

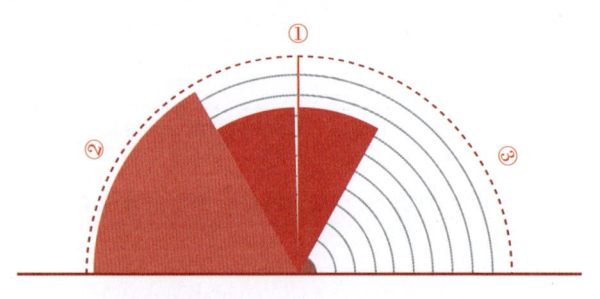

①有效专利34370件，在专利申请数量中的占比为34.1%
②审中专利31716件，在专利申请数量中的占比为31.5%
③无效专利34611件，在专利申请数量中的占比为34.4%

图 53 我国智能语音技术领域的专利法律状态分析

5.2.5 高价值专利及创新驱动力分析

对智能语言技术领域主要创新主体的高价值专利及其创新驱动力进行评价，得到的排名情况如表 7 所示。

表 7 我国智能语音技术领域主要创新主体的高价值专利及其创新驱动力排名

排　名	创新主体	得　分
第一名	百度公司	94.91
第二名	阿里巴巴	92.35

续表

排　名	创新主体	得　分
第三名	科大讯飞	91.23
第四名	腾讯公司	89.89
第五名	三星集团	89.29

从表 7 中可以看出，排名第一的是百度公司，其次是阿里巴巴和科大讯飞，这也与这类企业更高的研发投入有关。科大讯飞作为知名的智能语音技术服务商，深耕智能语音技术和人工智能技术多年，其高质量驱动实力也非常强劲。除此之外，由于智能语音技术的强交互性，通信、数码产品、智能家电等领域的相关公司（如三星、华为、格力等），也在国内大力布局相关高价值专利。

从图 54 中可以看出，我国在智能语音技术领域高价值专利技术布局的热点首先是语音识别，其次是语音交互，第三是语音合成，第四是麦克风阵列，第五是声纹识别。近五年的趋势在于语音识别、人机实时语音交互、与其他人工智能技术的融合（如智能家居与智慧生活）。在智能语音技术领域中，语音识别、语音交互、语音合成等技术分支的高价值专利量显著高于其他技术分支，代表性的产品有百度智能云等。

如图 55 所示，对我国智能语音技术领域主要创新主体高价值专利发明人专利产出进行分析，受到发明人团队人数较少的影响，欧珀移动、平安科技的人均产出量较高，说明其现有科研人员创新活跃度较高。从综合团队成员规模和人均产出数据来看，百度公司和科大讯飞的高价值专利人均产出量较高。在我国智能语音技术领域，百度公司的发明人团队规模最大，且具备更高的研发实力和创新潜力，高价值专利储备和专利质量突出。科大讯飞是知名的智能语音技术服务商，拥有首个语音及语言信息处理国家工程实验室和国家智能语音高新技术产业化基地，技术经验较丰富。

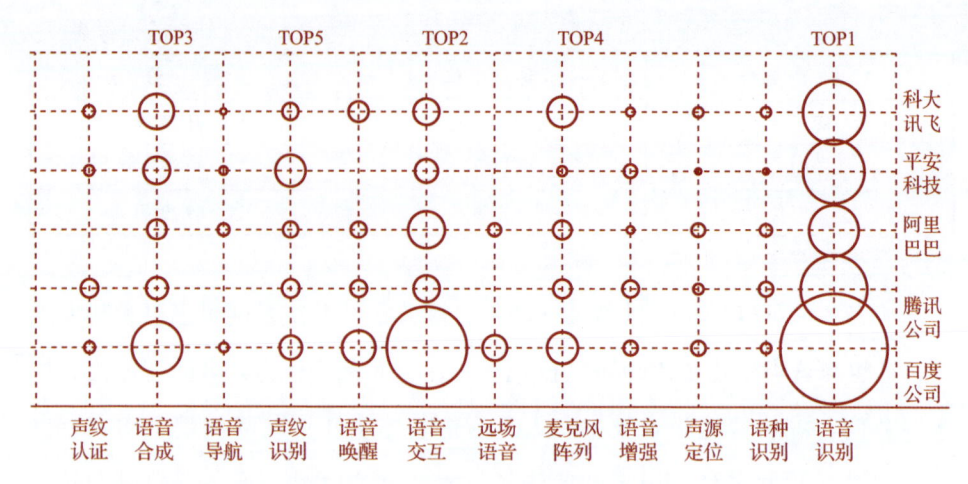

图 54　我国智能语音技术领域主要创新主体高价值专利技术布局

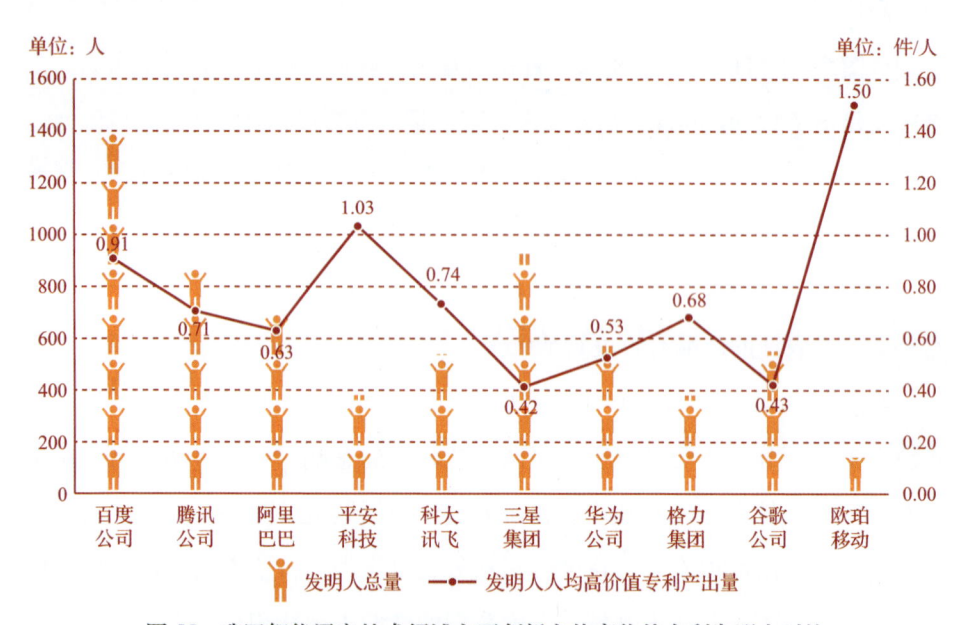

图 55　我国智能语音技术领域主要创新主体高价值专利发明人对比

综上，智能语音技术是人工智能核心基础技术之一。我国智能语音技术领域的高价值专利的主要创新主体包括以百度公司、腾讯公司、阿里巴巴为代表的互联网科技巨头和以科大讯飞为代表的技术服务商。智慧生活的发展迎来了智能家居的发展浪潮，智能语音技术作为智能家居的关键核心技术，将与物联网、自然语言处理、深度学习等领域融合发展。

5.3 计算机视觉技术

计算机视觉技术指利用光学系统和图像处理工具等模拟人的视觉能力，捕捉和处理场景的三维信息。神经网络和深度学习提供了更稳健的模型算法，而海量的互联网数据为模型优化提供了样本，推动计算机视觉技术实现规模化、快速处理、分类和理解图像视频。更具体地说，计算机视觉使人工智能能够"看"图像并理解其含义。在技术流程上，计算机视觉技术可分为目标检测、目标识别、行为识别三个部分；根据识别的目标种类，又可细分为图像识别、物体识别、人脸识别、文字识别等。在智能机器人领域，计算机视觉技术可对静态图片或动态视频中的物体进行特征提取、识别和分析，从而为后续的动作和行为提供关键信息。

5.3.1 专利申请趋势分析

截至 2023 年年底，我国计算机视觉技术领域共申请专利约 25.4 万件。我国计算机视觉技术领域的专利申请可分为三个阶段：第一阶段是 2009 年以前，申请数量较少，2009 年首次超过 200 件（见图 56）；第二阶段是 2010 年至 2015 年，受益于深度学习等人工智能技术的突破，专利申请数量逐步增长，2015 年接近 2000 件；第三阶段是 2016 年至今，在深度神经网络技术的推动下，计算机视觉的识别精度得到了大幅提升，产业落地和场景应用促使专利申请数量呈现爆发式增长，不断涌现出激动人心的研究成果，如人脸识别、物体识别与分类等性能已接近甚至超过人类视觉系统。

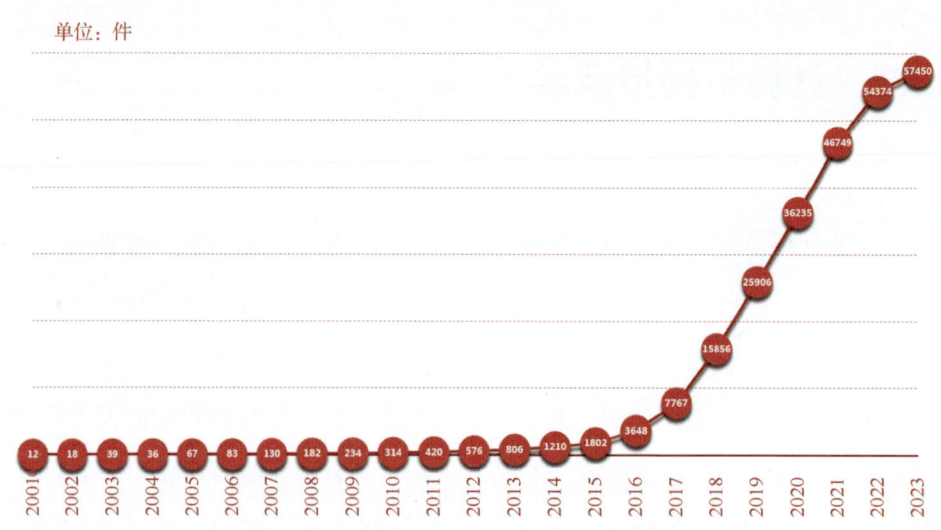

单位：件

年份	数量
2001	12
2002	18
2003	39
2004	36
2005	67
2006	83
2007	130
2008	182
2009	234
2010	314
2011	420
2012	576
2013	806
2014	1210
2015	1802
2016	3648
2017	7767
2018	15856
2019	25906
2020	36235
2021	46749
2022	54374
2023	57450

图 56　我国计算机视觉技术领域的专利申请数量趋势分析

5.3.2　专利申请数量和授权数量排名

从图 57 中可以看出，在计算机视觉技术领域，百度和腾讯两家互联网公司组成第一梯队，专利申请数量遥遥领先其他申请人，这表明这两家公司的技术积累丰厚。与深度学习领域的专利申请类似，在前十名专利申请人中，高校申请人实力强劲，占据半壁江山。从专利授权量数据分析，腾讯公司的授权专利数量排名第一，为1225件，百度公司排名第二，为774件，这表明两家公司更早投入计算机视觉技术领域的研究工作且专利质量相对较高。

单位：件

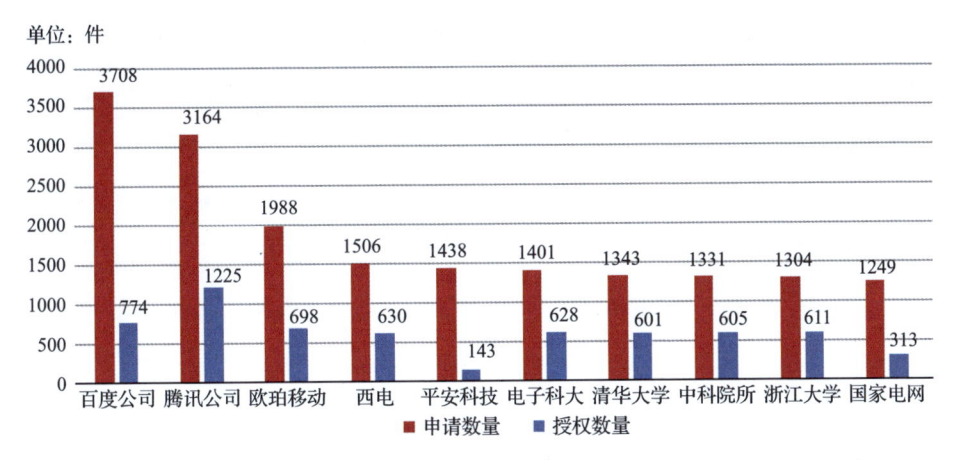

图 57　我国计算机视觉技术领域前十创新主体专利申请数量和授权数量排名

创新主体	申请数量	授权数量
百度公司	3708	774
腾讯公司	3164	1225
欧珀移动	1988	698
西电	1506	630
平安科技	1438	143
电子科大	1401	628
清华大学	1343	601
中科院院所	1331	605
浙江大学	1304	611
国家电网	1249	313

5.3.3　主要创新主体技术分布

从图 58 中可以看出，我国计算机视觉技术领域前十创新主体的技术布局主要集中在 G06K9/62（应用电子设备进行识别的方法或装置）、G06N3/04（体系结构，如互连拓扑）、G06N3/08（学习方法）和 G06K9/00（用于阅读或识别印刷或书写字符或者用于识别图形，如指纹的方法或装置）四个技术分支上。

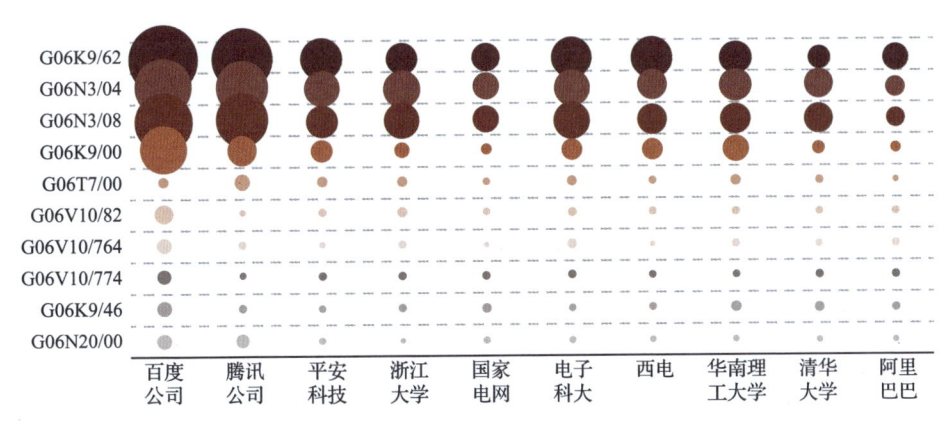

图 58　我国计算机视觉技术领域前十创新主体技术布局

结合时间维度观察计算机视觉技术的重点技术分支的发展趋势，发现 G06N3（基于生物学模型的计算机系统）、G06T7（图像分析）和 G06K9（用于阅读或识别印刷或书写字符或者用于识别图形）三个技术分支的专利申请数量增长幅度最大。其中，G06N3 与神经网络技术发展密切相关，如卷积神经网络、循环神经网络等；G06K9 与图像识别、目标检测和机器翻译等领域相关联；G06T7 与图像算子、图像序列配准等领域相关联，说明计算机视觉技术同时具备基础性、支撑性和前沿性的技术特征，对人工智能关键技术和应用技术具有底层推动作用。此外，支撑计算机视觉技术应用落地的技术分支，如 G06F16（信息检索、数据库结构、文件系统结构）和 G06T5（图像的增强或复原）的专利申请数量，也在 2018 年之后呈现连续增长态势。

5.3.4 专利法律状态分析

从图 59 中可以看出，我国计算机视觉技术领域的有效专利占比为 31.5%，54.6% 的专利申请处于公开或实质审查阶段，即审中状态。这表明在多模态大模型技术创新需求的带动下，计算机视觉技术仍处于快速发展期。近三年内，创新主体之间的竞争相对激烈，这表明该领域的高价值专利申请受到广泛重视。

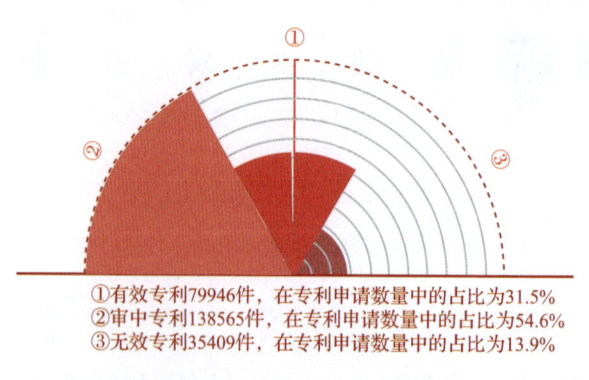

① 有效专利 79946 件，在专利申请数量中的占比为 31.5%
② 审中专利 138565 件，在专利申请数量中的占比为 54.6%
③ 无效专利 35409 件，在专利申请数量中的占比为 13.9%

图 59 我国计算机视觉技术领域的专利法律状态分析

5.3.5 高价值专利及创新驱动力分析

对我国计算机视觉技术领域主要创新主体的高价值专利及其创新驱动力进行评价,得到的排名情况如表8所示。

表8 我国计算机视觉技术领域主要创新主体的高价值专利及其创新驱动力排名

排　名	创新主体	得　分
第一名	百度公司	91.39
第二名	腾讯公司	90.94
第三名	中科院所	89.45
第四名	阿里巴巴	87.89
第五名	华为公司	87.88

从表8中可以看出,前五名企业均为国内企业或科研院所,其中以传统互联网企业居多,百度公司、腾讯公司、阿里巴巴分别排名第一、第二和第四。中科院所包含了中国科学院下属的多个研究所,跻身第三。计算机视觉技术作为当前的重点和热点研究方向,中科院所一直对其持续关注,并于近年在该领域布局了部分专利以支持攻坚和研发工作。

从图60中可以看出,在计算机视觉技术领域的技术分支中,创新主体的高价值专利主要集中在图像处理、图像识别、图像采集、智能汽车和目标跟踪。其中,图像处理技术分支的专利申请数量最多。相较于其他技术领域,计算机视觉技术领域的技术分支较为多样,且主要创新主体在各个技术分支都进行了布局。在这些技术分支中,百度公司的专利布局最为广泛,涉及12个不同的分支,其次为腾讯公司。

从图61中可以看出,计算机视觉技术领域的高价值专利发明人团队规模排名第一的是腾讯公司(2962人),紧随其后的是百度公司(2076人)和西安电子科技大学(西电)(1757人)。在发明人人均高价值专利产出方面,由于欧珀移动的发明人总量较少,其人均产出较高,而百度公司和联想集团分别排名第二和第三。综合来看，在计算机视觉技术领域，百度公司和联想集团在发明团队配置上更为均衡，这有利于未来的技术创新。

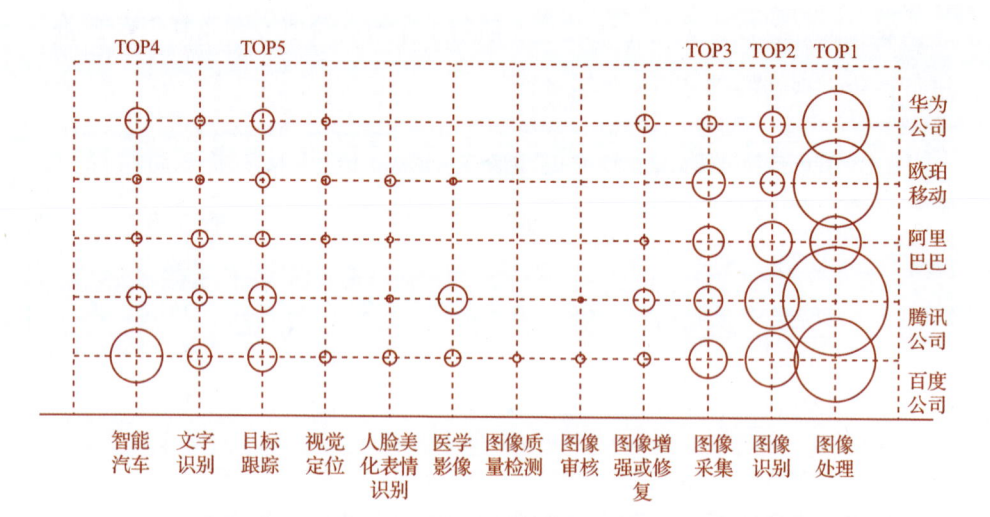

图 60 我国计算机视觉技术领域主要创新主体高价值专利技术布局

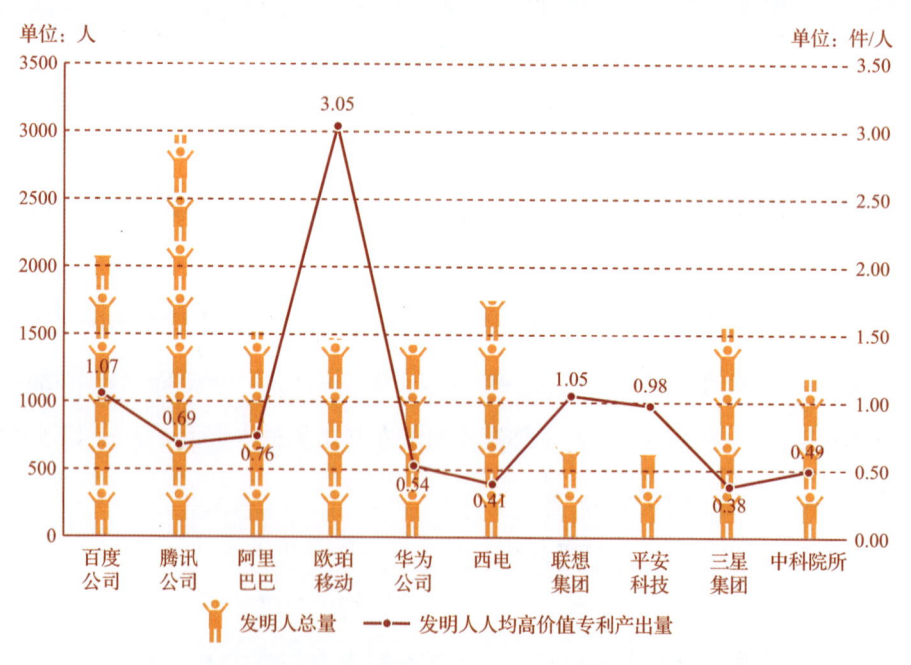

图 61 我国计算机视觉技术领域主要创新主体高价值专利发明人数量对比

综上，计算机视觉技术具有广泛的应用价值，可为安防、零售、医学、汽车、工业、金融以及智慧城市等降本增益。计算机视觉技术产业链包括硬件供应商、算法研发商、应用开发商，以及最终用户等环节。在我国，计算机视觉技术已经形成了比较完整的产业链，并且各个环节之间的协作和配合也越来越紧密。在人们日益增长的安全需求、效率需求和国家扶持政策的共同推动下，未来计算机视觉技术在各领域的发展空间巨大。有预测指出，到 2024 年，我国计算机视觉技术市场规模有望突破 1600 亿元。同时，计算机视觉技术在我国的应用领域也在不断扩展。除传统的安防、智能制造等领域外，还涉及医疗、金融、教育、交通等多个领域。这些领域的应用不仅推动了计算机视觉技术产业的发展，也为相关产业带来了创新和变革。

5.4 智能推荐技术

智能推荐的目标是通过分析用户和产品的特征，或利用用户和产品之间的历史交互行为数据，帮助用户筛选出其可能感兴趣的信息。智能推荐技术在解决信息过载问题的同时满足广大不同用户的个性化需求，并且不依赖具体的检索条件，隐式地给出结果。智能推荐技术具有无须用户主动干预的优势，这一优势使其在各种信息访问系统中发挥着至关重要的作用。通过智能推荐技术不仅可以改善用户检索信息的体验，还可以为企业带来巨大的商业价值。在大数据和人工智能时代，智能推荐系统和技术已经成为电商、资讯、娱乐、教育、旅游和招聘等众多在线服务平台的核心技术、标准配置和重要引擎。

5.4.1 专利申请趋势分析

从图 62 中可知，截至 2023 年年底，我国智能推荐技术领域共申请专利约 8.3 万件，其可以大致划分为三个阶段：第一阶段是 2001 年至 2010 年，该阶段人工智能技术仍处于发展初期，相应来看智能推荐技术专利年申请数量不足 1000 件，处于缓慢积累的阶段；第二阶段为 2011 年至 2014 年，该阶段在移动通信技术升级换代和神经网络技术取得突破的背景下，智能推荐技术领域的专利申请数量快速增长，2014 年专利申请数量达到 2377 件；第三阶段为 2015 年至今，智能推荐技术得到更加深入和广泛的应用与推广，个性化资讯类和短视频类移动应用相继爆发，智能推荐技术领域的专利申请年均增长率超过 25%，呈现指数增长趋势。

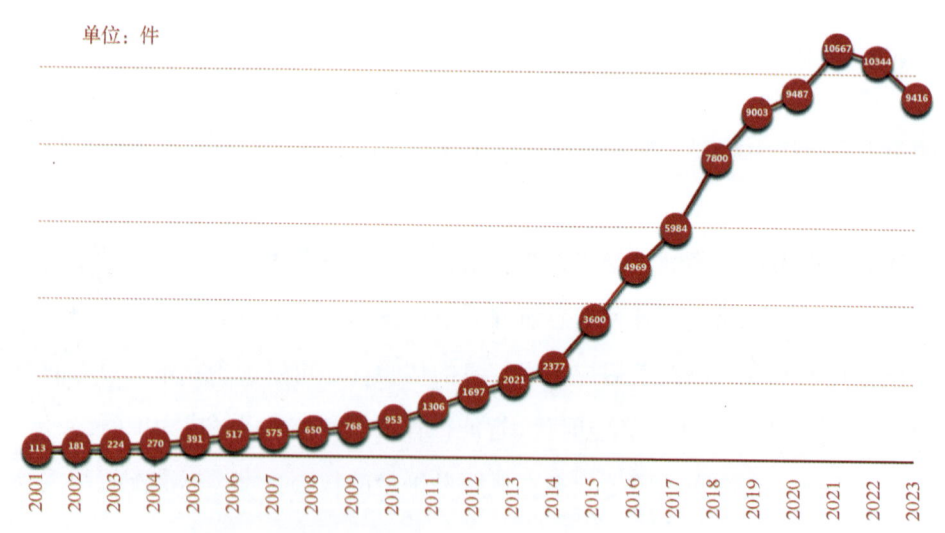

图 62 我国智能推荐技术领域的专利申请数量趋势分析

5.4.2 专利申请数量和授权数量排名

从图 63 中可知，我国智能推荐技术领域的专利申请前十名申请人均为企业。百度公司、腾讯公司、平安科技是前三名，而阿里巴巴则排名第四。阿里巴巴凭借其在电商、内容、新闻、视频直播和社交等多个行业领域的积累，在智能推荐技术领域占有较大优势，并且在技术创新方面表现活跃。此外，奇虎科技也进入前十名，其在 2012 年至 2018 年期间申请了许多与智能推荐技术相关的专利。

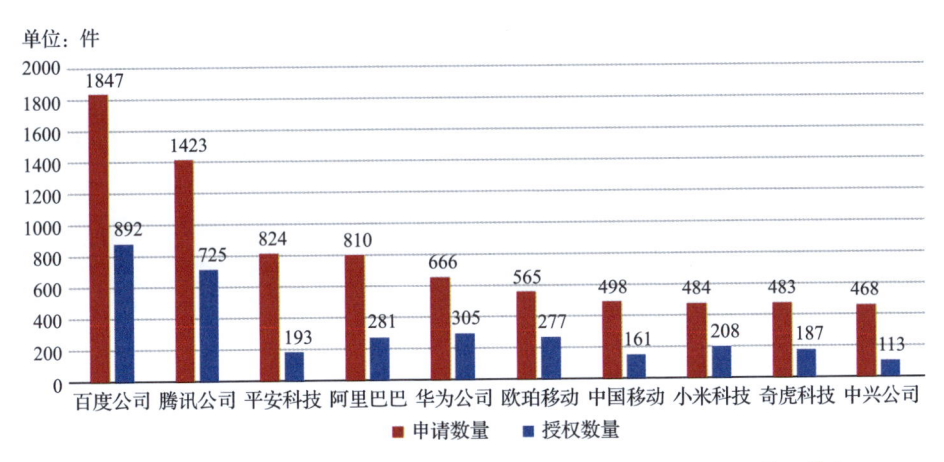

单位：件

申请人	申请数量	授权数量
百度公司	1847	892
腾讯公司	1423	725
平安科技	824	193
阿里巴巴	810	281
华为公司	666	305
欧珀移动	565	277
中国移动	498	161
小米科技	484	208
奇虎科技	483	187
中兴公司	468	113

图 63 我国智能推荐技术领域前十创新主体专利申请数量和授权数量排名

5.4.3 主要创新主体技术分布

根据图 64 可知，智能推荐技术领域专利布局最为集中的两个技术分支是 G06F17/30（信息检索；数据库结构；文件系统结构）和 G06F16/9535（基于用户配置文件和个性化自定义搜索）。

结合时间维度进行分析，从我国智能推荐技术领域重点技术发展趋势来看，各技术分支的专利申请对整体增长的贡献各有不同。其中，G06F16（信息检索；数据库结构；文件系统结构）和G06F17（特别适用于特定功能的数字计算设备或数据处理设备或数据处理方法）两个技术分支的专利申请数量增长幅度最大。由于2019年1月之前划入G06F17的信息检索相关专利被单独分类为G06F16，因此2019年G06F17和G06F16的专利申请数量出现了明显的转移跳跃。目前，智能推荐技术的主流方向是优化神经网络模型，提升深度学习效果，综合推荐技术并结合用户体验，实时更新用户模型以及进行多样性的合理推荐。近三年，G06K9（用于阅读或识别印刷或书写字符或者用于识别图形）、G06Q30（商业，如购物或电子商务）和G06N3（基于生物学模型的计算机系统）的专利申请数量明显增加，表明文字及图形识别、神经网络技术等更加深入融合到智能推荐技术领域，同时智能推荐技术在商业活动中的应用逐渐深化。

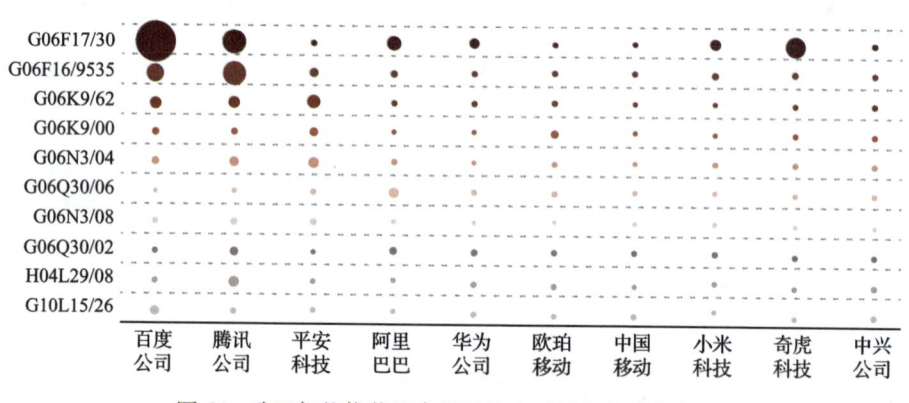

图64 我国智能推荐技术领域前十创新主体技术布局

5.4.4 专利法律状态分析

通过图65可以看出，有效专利、审中专利及无效专利的各自占比约三分之一。这反映出智能推荐技术领域已经形成了一定的关键技术积累，产业化发展相对较快，技术创新增长速度相对稳定。当前，智能推荐已成为大模型技术垂直应用的重要方向。随着大模型技术的加速落地，相信智能推荐技术领域的技术创新和专利布局将会迎来新的发展高峰。

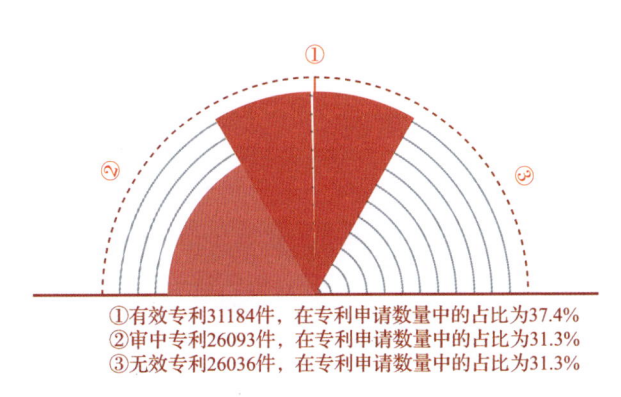

①有效专利31184件，在专利申请数量中的占比为37.4%
②审中专利26093件，在专利申请数量中的占比为31.3%
③无效专利26036件，在专利申请数量中的占比为31.3%

图 65　我国智能推荐技术领域的专利法律状态分析

5.4.5　高价值专利及创新驱动力分析

对智能推荐技术领域主要创新主体的高价值专利及其创新驱动力进行评价，得到的排名情况如表9所示。

表 9　我国智能推荐技术领域主要创新主体高价值专利及其创新驱动力的排名

排　　名	创 新 主 体	得　　分
第一名	百度公司	91.28
第二名	腾讯公司	90.46
第三名	阿里巴巴	89.77
第四名	谷歌公司	89.56
第五名	华为公司	88.34

从表9中可以看出，百度公司的得分最高，腾讯公司和阿里巴巴紧随其后，

这表明我国互联网企业在高价值专利质量方面普遍表现出色。谷歌公司是唯一的外国企业，排名第四。谷歌公司和百度公司类似，同样以搜索业务起家，还运营着全球规模最大的搜索引擎，虽然谷歌搜索早已退出大陆市场，但是其在我国布局了不少智能推荐专利，而且专利质量相对较高。华为公司排名第五，说明其在智能推荐技术领域的专利质量也很高。

从图66中可以看出，我国智能推荐技术领域的高价值专利主要集中在图像检索、输入训练和特征提取等技术分支，百度公司在这些技术分支占据主导地位。此外，语音识别、内容推送和输出推荐也备受关注，百度公司、腾讯公司、阿里巴巴在这些技术分支也有大量高价值专利布局。值得注意的是，在用户画像、文字识别、信息流推荐、搜索引擎和声纹搜索等较为冷门的技术分支，百度公司也有一定的专利储备。

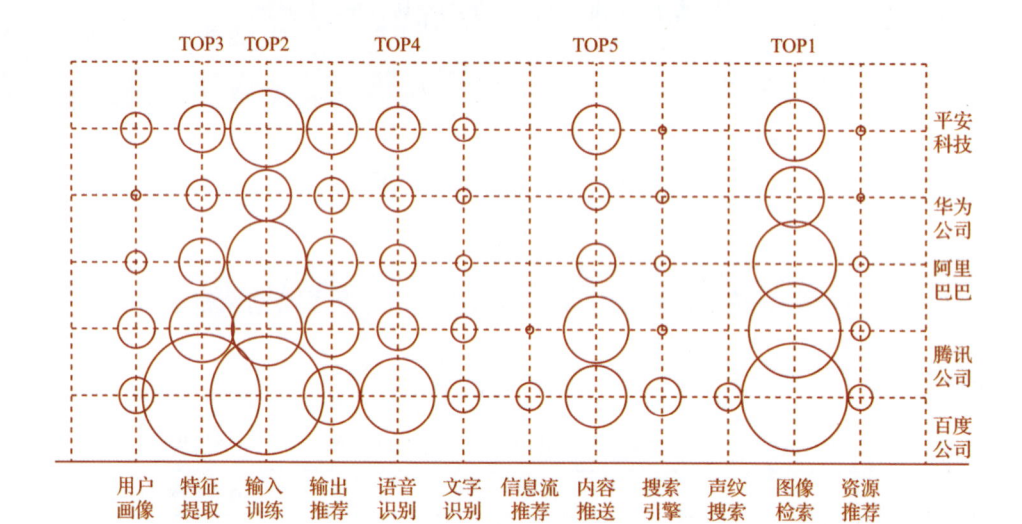

图 66 我国智能推荐技术领域主要创新主体高价值专利技术布局

从图67中可以看出，我国智能推荐技术领域高价值专利的发明人团队规模超过1500人的有2家，分别是百度公司（1805人）和腾讯公司（1734人）。欧珀移动的发明人人均高价值专利产出量处于领先位置，但总人数较少，仅

208 人。奇虎科技、小米科技、平安科技的发明人人均高价值专利产出量旗鼓相当，在 0.75 件 / 人左右的水平。百度公司的发明人规模较大，人均产出为 0.57 件 / 人，创新潜力和综合实力较强。

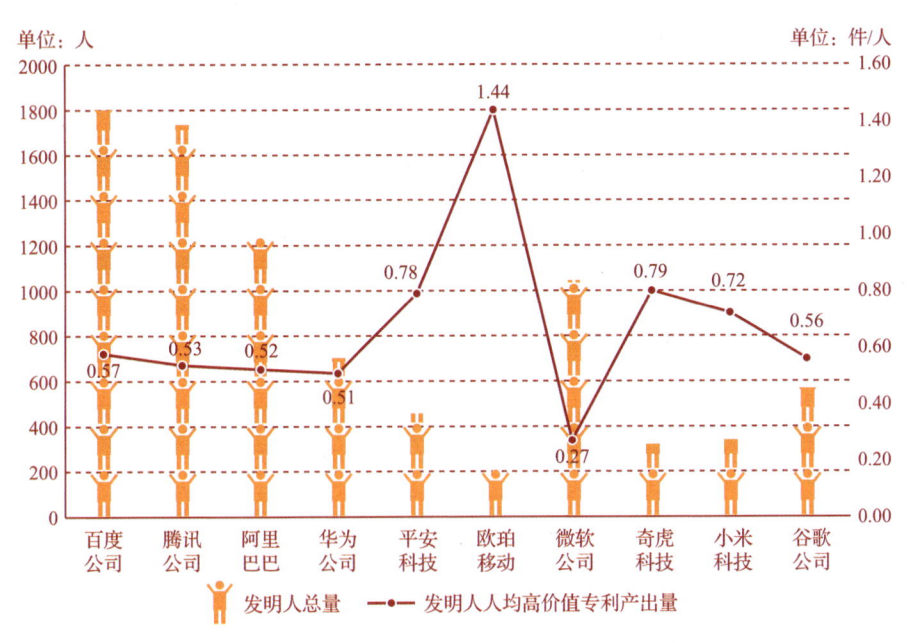

图 67　我国智能推荐技术领域主要创新主体高价值专利发明人数量对比

综上所述，智能推荐技术覆盖的行业和群体广阔，市场空间大，优质的服务与可靠的解决方案通常会带来较大的回报，因此受到各行业的重视。随着移动互联网进入新时代，智能推荐技术将更加网络化、智能化、标准化和个性化。

第 6 章
AI 创新链支撑技术中国专利分析

6.1 智能云技术

智能云是一种利用网络"云"将巨大的数据计算处理程序分解成无数个小程序,然后通过多部服务器组成的系统处理和分析这些小程序,并将结果返回给用户的技术。在智能云早期阶段,它主要是利用简单的分布式计算方法,解决任务分发和计算结果的合并,因此也被称为网格计算。通过这项技术,可以在很短的时间内(几秒钟)完成对数以万计的数据的处理,从而提供强大的网络服务。随着人工智能产业应用数据规模的不断扩大,数据格式的多样化和算法模型的复杂化对计算能力和调参速度提出了更高的要求。智能云凭借其自身强大的弹性计算能力和海量数据的存储能力,能够快速满足人工智能对基础设施的性能要求,加速实现人工智能在各行各业的落地创新,推动人工智能发挥更大的社会经济价值。

6.1.1 专利申请趋势分析

截至 2023 年年底，我国智能云技术领域的专利申请数量约为 38.7 万件。智能云技术领域专利申请的稳健发展始于 2009 年（见图 68）。在 2009 年至 2014 年期间，随着智能云理念的逐步成熟和应用场景的不断拓展，智能云技术领域的专利申请数量逐步增长。而自 2015 年至今，在人工智能、大数据等新兴科技的推动下，智能云技术领域呈现出了快速且大幅增长的态势。以 2010 年的 3702 件专利申请数量为基准，到 2022 年已经达到 59223 件，增长了约 16 倍。随着智能云技术的进一步发展，该领域的增长势头将越发迅猛。

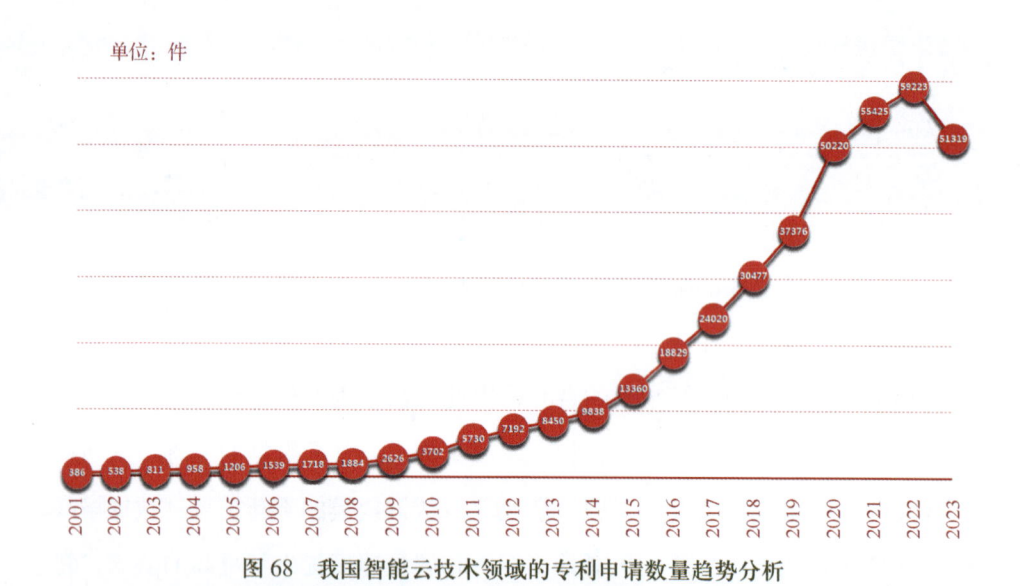

单位：件

年份	数量
2001	386
2002	538
2003	811
2004	958
2005	1206
2006	1539
2007	1718
2008	1884
2009	2626
2010	3702
2011	5730
2012	7192
2013	8450
2014	9838
2015	13360
2016	18829
2017	24020
2018	30477
2019	37376
2020	50220
2021	55425
2022	59223
2023	51319

图 68 我国智能云技术领域的专利申请数量趋势分析

6.1.2 专利申请数量和授权数量排名

从图 69 中可以看出，百度公司在智能云技术领域保持着领先地位。从 2017 年至 2021 年，百度公司的智能云专利申请年均复合增长率达到了

91%。与深度学习和计算机视觉不同的是，智能云技术领域的专利申请排名前十的创新主体中出现了三家外国公司——微软公司、三星集团和IBM，这表明我国智能云技术领域巨大的市场的需求吸引了国外公司纷纷来布局。在专利授权数量方面，华为公司和腾讯公司表现突出，分别位居前两位。

单位：件

创新主体	申请数量	授权数量
百度公司	6786	1404
浪潮集团	6632	1467
腾讯公司	4527	1797
华为公司	4422	2168
国家电网	3628	1123
阿里巴巴	2346	722
微软公司	2092	1007
三星集团	1923	459
IBM	1710	546
中国移动	1417	611

图 69 我国智能云技术领域前十创新主体专利申请数量和授权数量排名

6.1.3 主要创新主体技术分布

从图70中可以看出，不同创新主体在智能云技术领域的专利布局呈现出差异化特征。其中，百度公司的技术布局最为全面，而浪潮集团则选择了完全不同的技术布局。浪潮集团主要在H04L29/08（传输控制规程，例如数据链级控制规程）和G06F9/455（仿真；注释；软件模拟，例如：应用程序或操作系统执行引擎的虚拟化或仿真）两个技术分支上进行了大量布局。

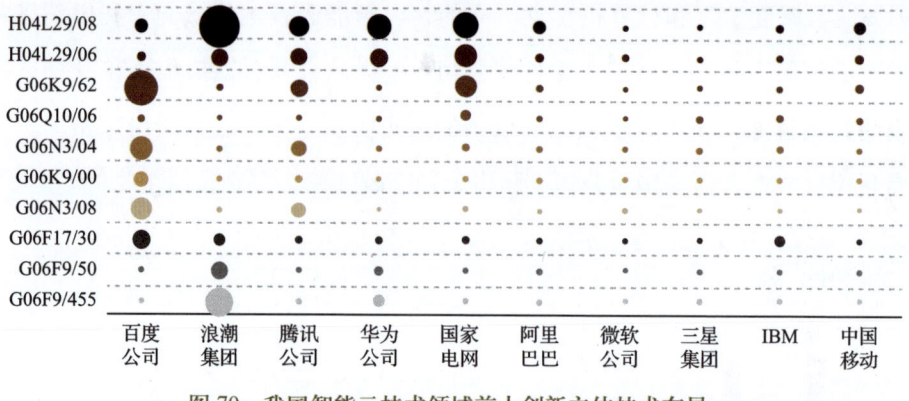

图 70 我国智能云技术领域前十创新主体技术布局

在时间维度上，对智能云技术领域的重点技术分支的年度申请趋势进行分析，发现在 H 部（电学）和 G 部（物理学）的专利申请数量占智能云全部专利的比重最高。特别是以 H04L29（H04L1/00 至 H04L27/00 单个组中不包含的装置、设备、电路和系统）为代表的 H04L（数字信息的传输，如电报通信）和以 G06F16（信息检索；数据库结构）为代表的 G06F（电数字数据处理）技术分支的专利布局集中度较高。这主要是因为支撑智能云产业中 IaaS 和 PaaS 服务模式发展的关键技术几乎都分布在这两个技术分支上，是企业和研发机构进行专利布局的重点技术分支。此外，H04W、G05B、H04N 及 G06Q 技术分支是 SaaS 服务模式所涉及的主要技术分支。从总体上来说，智能云产业的专利布局集中在 H04L 和 G06F 基础技术分支上，竞争较为激烈。同时，G06K9（用于阅读或识别印刷或书写字符或者用于识别图形）等技术分支近年来也显示出增长趋势，表明这些技术分支是新兴的研究热点，值得关注。

此外，以 G06Q10（行政；管理）、G08G1（道路车辆的交通控制系统）、G06F9（程序控制装置）、G06Q50（特别适用于特定商业行业的系统或方法）、H04L12（数据交换网络）、G06F21（防止未授权行为的保护计算机、其部件、程序或数据的安全装置）为代表的在交通出行、行政系统和数据安全等具体应用方面的分支技术也出现了小幅增长。其他技术分支变化较小，专利申请数量波动幅度不大。由此可见，智能云技术领域的专利申请以数字信息传输、数据交换，以及特定功能数字方法等技术分支为主导，这些分支无疑是该领域的重点研究和发展方向。

6.1.4　专利法律状态分析

从图71中可以看出，在智能云技术领域，有37.6%的专利处于公开或实质审查阶段，即审中状态。这表明近年来智能云技术的发展势头迅猛，高价值专利申请数量仍在逐年增加。同时，该领域的有效专利占比为34.5%，而无效专利占比达到27.9%。这反映了在众多创新主体进入智能云技术领域时期，创新质量良莠不齐，大量专利因被驳回、未缴年费等原因而被放弃。因此，当前的重点是注重高价值专利的培育和储备，这是企业在智能云技术领域取得优势地位的必要途径。

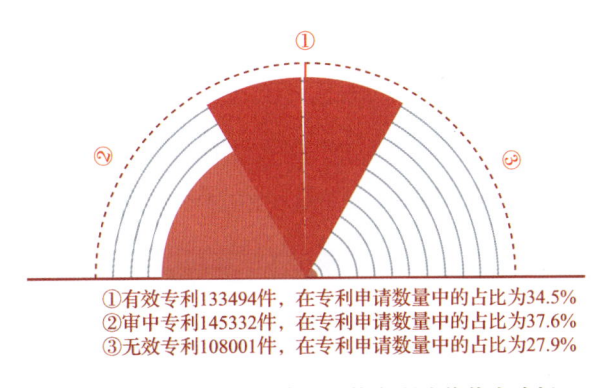

①有效专利133494件，在专利申请数量中的占比为34.5%
②审中专利145332件，在专利申请数量中的占比为37.6%
③无效专利108001件，在专利申请数量中的占比为27.9%

图71　我国智能云技术领域的专利法律状态分析

6.1.5　高价值专利及创新驱动力分析

对我国智能云技术领域主要创新主体的高价值专利及其创新驱动力进行

评价，得到的排名情况如表 10 所示。

表 10 我国智能云技术领域术主要创新主体的高价值专利及其创新驱动力排名

排　名	创新主体	得　分
第一名	华为公司	95.85
第二名	阿里巴巴	94.79
第三名	百度公司	92.95
第四名	微软公司	90.91
第五名	浪潮集团	89.12

从表 10 中可以看出，在排名前五的创新主体中，包含了四家国内企业和一家国外企业。其中，华为公司在其凭借卓越的研发实力迅速抢占了市场份额，并持续投入更多研发资源，成为国内智能云技术领域最具实力的创新主体。而阿里巴巴和百度公司等互联网企业在近些年纷纷入局，凭借规模和人才优势迅速崛起，展现出了强大的发展潜力。除此之外，浪潮集团作为国内领先的智能云、大数据服务商，专注于智能云技术的专业化发展，有望成为未来不可忽视的力量。在国外企业中，微软公司重视我国市场，在专利布局方面投入较大，作为老牌信息产业巨头，其创新能力有目共睹。

从图 72 中可以看出，在我国智能云技术领域，主要创新主体的高价值专利技术布局热点呈现如下：首要是块存储技术，其次是云平台，第三是自然语言处理。华为公司、腾讯公司和阿里巴巴在块存储技术上布局了大量高价值专利，展现出其在该领域的技术优势和领先地位。而百度公司则在技术布局上呈现出与其他创新主体互补的状态，除块存储、虚拟化和对象储存等技术外，还重点布局了深度学习、自然语言处理、计算机视觉和语言识别等人工智能技术与智能云的交叉技术。此外，百度公司还在智能云基础技术（如边缘计算、云平台和云存储）等方面进行了大量高价值专利的布局。综合来看，百度公司、华为公司、腾讯公司和阿里巴巴在智能云技术创新方面各具特色，而百度公司在智能云与其他人工智能技术的交叉融合上具有显著优势。

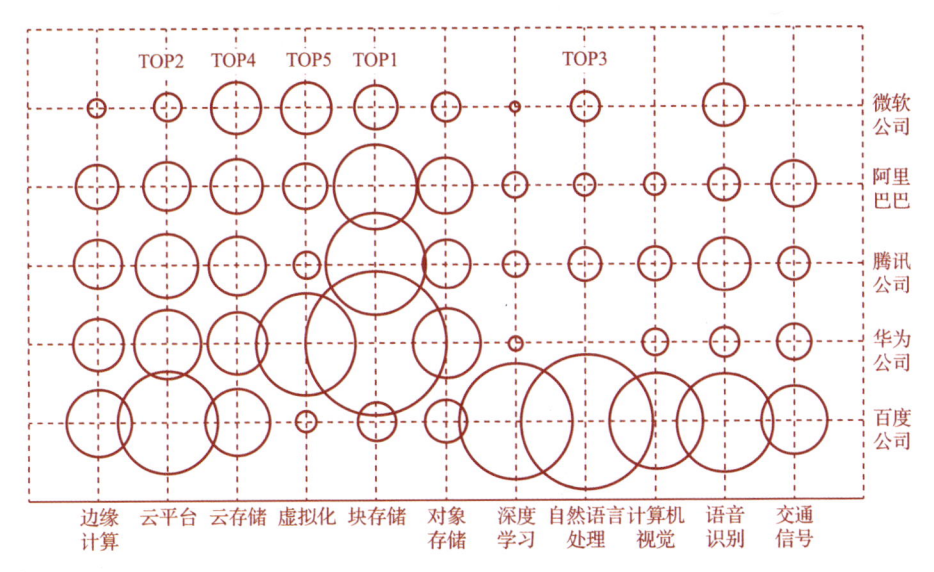

图 72　我国智能云技术领域主要创新主体高价值专利技术布局

从图 73 中可以看出，我国智能云技术领域主要创新主体的高价值专利发明人团队规模超过 3500 人的有 5 家，分别是国家电网（6386 人）、微软公司（4270 人）、华为公司（4046 人）、百度公司（3912 人）和腾讯公司（3623 人）。其中，国家电网人数虽多，但高价值专利产出有限。发明人人均高价值产出量较高的企业有高通、浪潮集团和百度公司。其中，浪潮集团的团队规模较小。百度公司在该技术领域的人均产出量较高。

综上所述，从对我国智能云产业的整体技术构成分析可知，专利布局主要集中在 H 部和 G 部。进一步按 IPC 分类统计，数字信息的传输（H04L）、电数字数据处理（G06F）、数据识别（G06K）等技术分支的专利申请数量占产业全部专利申请数量的比重最大，覆盖了虚拟化、网络存储、分布式计算等智能云关键技术。G06Q（专门适用于行政、商业、金融、管理、监督或预测目的的数据处理系统或方法）等应用领域是现阶段的主要技术应用领域。

单位：人　　　　　　　　　　　　　　　　　　　　　　单位：件/人

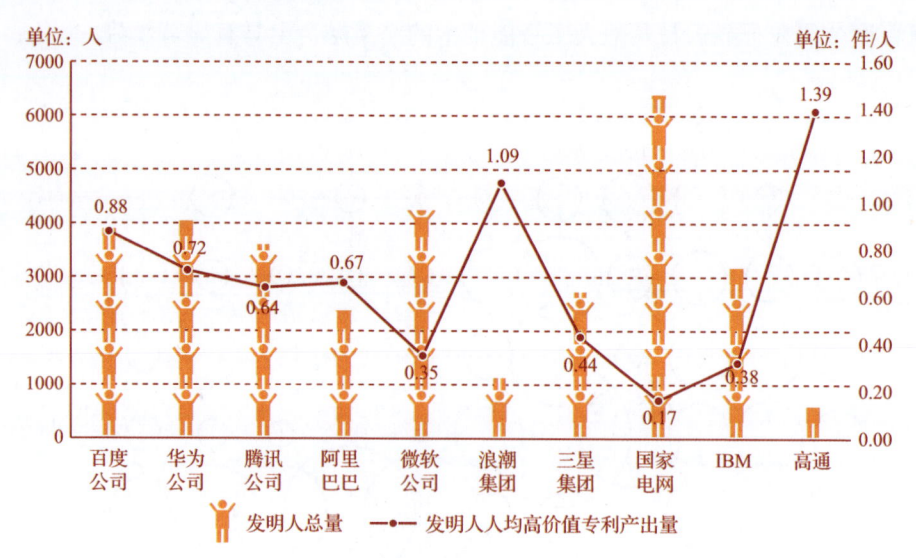

图中数据：
- 百度公司：0.88
- 华为公司：0.72
- 腾讯公司：0.64
- 阿里巴巴：0.67
- 微软公司：0.35
- 浪潮集团：1.09
- 三星集团：0.44
- 国家电网：0.17
- IBM：0.38
- 高通：1.39

图例：发明人总量　　发明人人均高价值专利产出量

图 73　我国智能云技术领域主要创新主体高价值专利发明人对比

6.2　大数据技术

大数据技术可以被定义为一种软件实用程序，其旨在分析、处理和提取来自极其复杂的大型数据集的信息。大数据技术的本质是利用计算机集群来处理大批量的数据，因此，大数据技术的关注点在于如何将数据分发给不同的计算机进行存储和处理。

6.2.1　专利申请趋势分析

截至 2023 年年底，我国在大数据技术领域累计申请国内专利约 6.8 万件，其中发明专利约占比为 89%。从发展历程来看，我国的大数据技术专利申请可以分为两个阶段（见图74）。第一阶段为2001年至2013年，这期间大数据技术专利申请数量有限，长期维持低位，表明该技术尚处于萌芽期。第二阶段是2015年至今，专利申请数量呈现出快速增长的趋势，并且创新主体与申请数量同步增长，标志着技术已经步入成熟发展期。然而近年来专利年度增幅逐步下降，从2015年的110%逐步降至2018年的51%，表明大数据技术逐步进入稳定发展阶段。尽管如此，鉴于人工智能产业的广阔前景以及大数据在产业发展中的重要地位，建议持续关注大数据理论、技术及应用方面的变革性调整和颠覆式创新，以应对智能时代的发展需求。

图74 我国大数据技术领域的专利申请数量趋势分析

6.2.2 专利申请数量和授权数量排名

从图75中可以看出，国家电网在我国大数据技术领域申请的专利数量最多，其次是平安科技、工商银行、百度公司和中国银行。值得一提的是，在前十名的创新主体中，有三家金融机构或者银行，仅有一家高等院校，即清华大学，其余为企业。这反映了企业能够加快科技成果的转化效率。在当前数据资源日益凸显重要性的环境下，大数据技术领域已经成为未来决胜的核心要素，不论是作为核心业务还是作为赋能大模型技术的关键资源。随着产业链和创新链竞争的日益激烈，知识产权布局和运营的重要性将变得越来越明显。

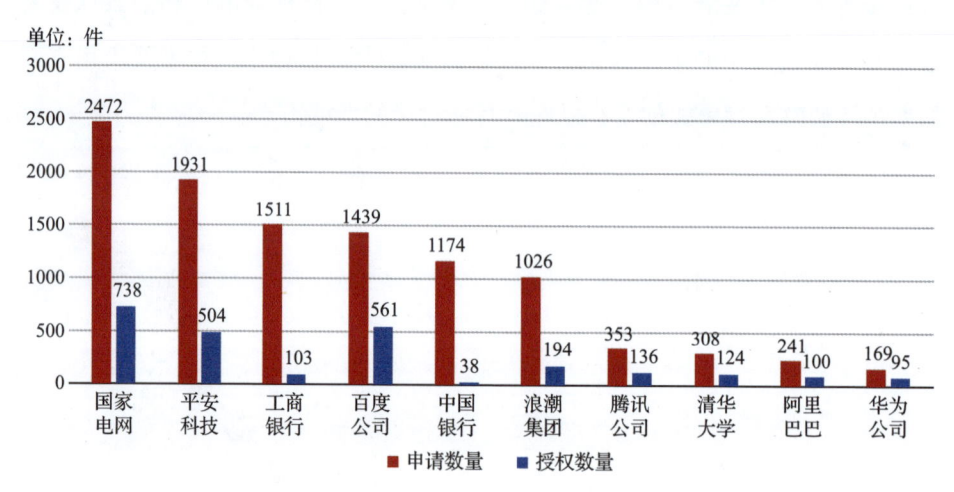

单位：件

创新主体	申请数量	授权数量
国家电网	2472	738
平安科技	1931	504
工商银行	1511	103
百度公司	1439	561
中国银行	1174	38
浪潮集团	1026	194
腾讯公司	353	136
清华大学	308	124
阿里巴巴	241	100
华为公司	169	95

图 75 我国大数据技术领域前十创新主体专利申请数量和授权数量排名

6.2.3 主要创新主体技术分布

从图 76 中可以看出，我国大数据技术领域前十名创新主体在各技术分支上的布局相对均衡，涉及的各个分技术分支都有一定数量的专利申请。总体而言，G06F16/2458（特殊类型的查询，如统计查询、模糊查询或分布式查询）、G06F16/25（涉及数据库管理系统的集合或接口系统）和 G06F16/22（索引；数据结构；存储结构）是各创新主体重点进行技术创新和布局的技术分支。此外，像百度公司等科技公司也在 G06N3/08（学习方法）、G06F16/9535（基于用户配置文件和个性化自定义搜索）和 G06N3/04（体系结构，如互连拓扑）

等技术分支上进行了重点布局。

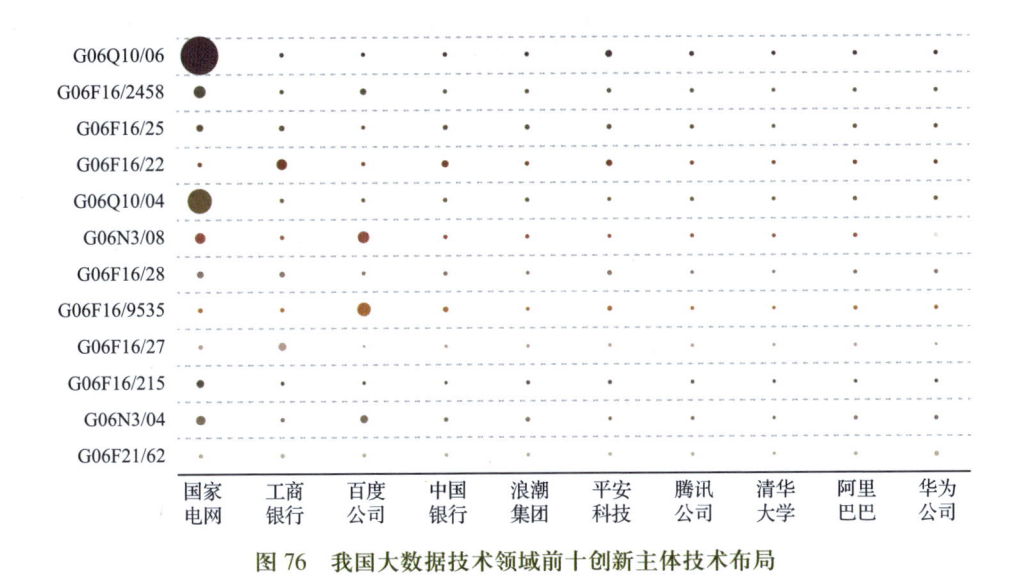

图 76 我国大数据技术领域前十创新主体技术布局

未来，随着大模型技术的发展趋势，生成式人工智能技术与数据更紧密的结合和运用，将为大数据技术领域的智能创新提供更为广阔的前景空间。

6.2.4 专利法律状态分析

从图 77 中可以看出，审中专利在专利申请数量中的占比为 36.05%，这表明当前大数据技术正处于蓬勃发展的阶段。同时，该领域的有效专利与无效专利占比接近，说明相当数量的创新专利因创新质量不高，或是知识产权战略不明晰，而遭遇了驳回、无效和未维持等情况，亟须加强知识产权顶层战略规划，重视高价值专利的培育，促进我国大数据技术创新良性发展。

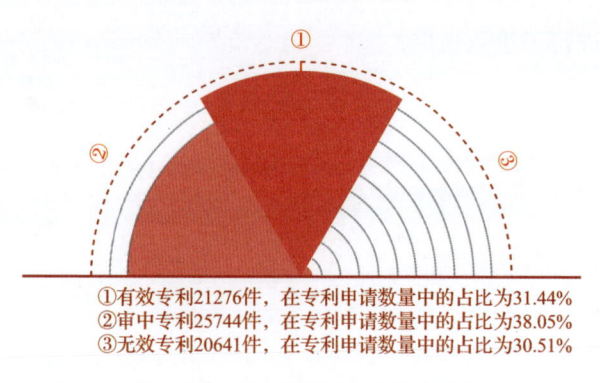

①有效专利21276件，在专利申请数量中的占比为31.44%
②审中专利25744件，在专利申请数量中的占比为38.05%
③无效专利20641件，在专利申请数量中的占比为30.51%

图77 我国大数据技术领域专利的法律状态分析

6.2.5 高价值专利及创新驱动力分析

对我国大数据技术领域主要创新主体的高价值专利及其创新驱动力进行评价，得到的排名情况如表11所示。从表中可以看出，阿里巴巴排名第一。虽然华为公司在专利申请数量上没有较大的优势，但其在专利质量上十分重视，高价值专利储备较好。

表11 我国大数据技术领域主要创新主体的高价值专利及其创新驱动力排名

排　　名	创 新 主 体	得　　分
第一名	阿里巴巴	95.76
第二名	百度公司	94.07
第三名	腾讯公司	93.06
第四名	华为公司	92.93
第五名	浪潮集团	91.16

从图78中可以看出，我国大数据技术领域的主要创新主体在高价值专利方面的技术布局热点主要集中在大数据采集、大数据处理和信息推荐等技术分支上。在大数据应用方面，技术布局热点包括信息查询、信息推荐和交通

出行等。阿里巴巴、百度公司等在大数据识别、大数据预测、信息查询、信息推荐和交通出行等技术分支上拥有较为雄厚的高价值专利储备，这些技术分支分别与它们的搜索业务、地图服务以及智能驾驶技术等密切相关。

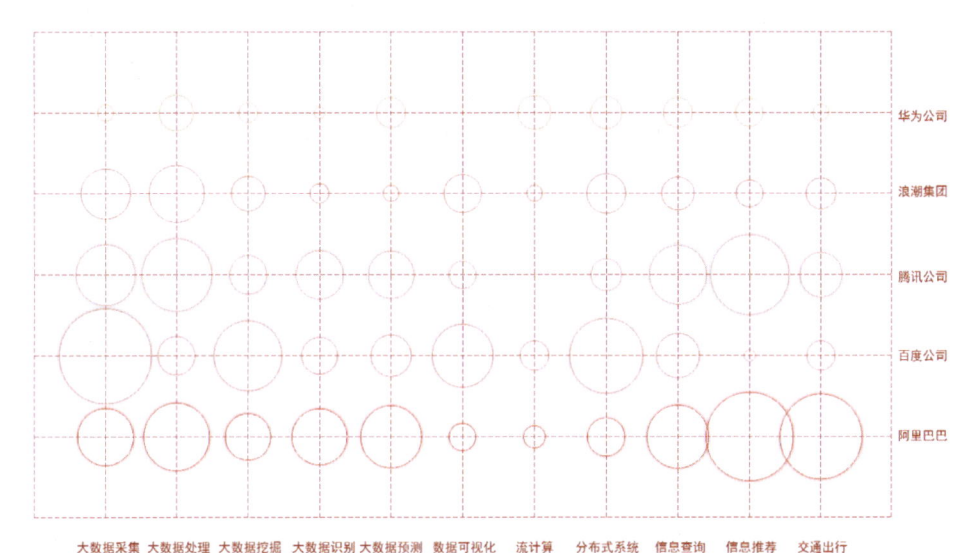

图 78 我国大数据技术领域主要创新主体高价值专利技术布局

从图 79 中可以看出，在我国大数据技术领域的主要创新主体中，高价值专利发明人团队规模在 500 人以上的有三家，分别是国家电网（2762 人）、百度公司（859 人）和平安科技（512 人）。其中，国家电网的发明人总数较多，这在一定程度上影响了其高价值专利的人均产出量。而人均高价值专利产出量排名前三的公司分别是阿里巴巴、华为公司和百度公司。

综上所述，目前我国对大数据技术领域的研究主要集中在计算机处理技术方面，研究热点主要涉及信息检索及数据库结构。我国的高校和互联网企业成为大数据技术相关专利的主要创新主体。同时，大数据技术已逐步向各个应用领域渗透，国家电网、金融机构等创新主体成为大数据技术应用的领跑者。随着大模型技术的加速应用，大数据与大模型技术的深度融合将被应用在越来越多的产业中。

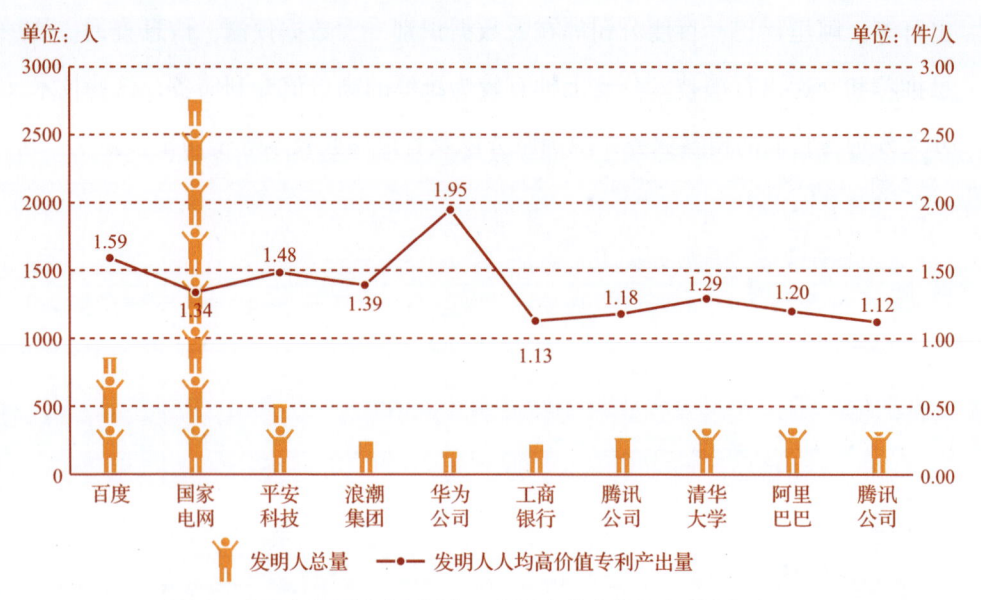

图 79 我国大数据技术领域主要创新主体高价值专利发明人对比

下篇 中国人工智能产业链专利研究

第 7 章
人工智能双链驱动数字经济高质量发展

2022 年 10 月，习近平总书记在党的二十大报告中指出，强化企业科技创新主体地位，发挥科技型骨干企业引领支撑作用，营造有利于科技型中小微企业成长的良好环境，推动创新链产业链资金链人才链深度融合。2022 年 4 月，习近平总书记在深圳经济特区建立 40 周年庆祝大会上发表重要讲话，指出"要围绕产业链部署创新链、围绕创新链布局产业链，前瞻布局战略性新兴产业，培育发展未来产业，发展数字经济。"在数字经济时代，人工智能是创新链驱动产业发展、产业链融合创新的关键技术，在新发展格局下，推动人工智能双链融合、协同创新对于更好地支撑数字经济高质量发展具有重要意义。

7.1 人工智能在数字经济时代凸显"头雁效应"

人工智能是新一轮科技革命和产业变革的重要驱动，是激发数字经济发展的新动能，正在对经济发展、社会进步、国际政治经济格局等多个方面产生重大而深远的影响。党中央、国务院高度重视人工智能产业发展，顶层设计持续加码。2021年10月，习近平总书记在十九届中央政治局第三十四次集体学习时强调，近年来，互联网、大数据、云计算、人工智能、区块链等技术加速创新，日益融入经济社会发展各领域全过程，<u>数字经济发展速度之快、辐射范围之广、影响程度之深前所未有，正在成为重组全球要素资源、重塑全球经济结构、改变全球竞争格局的关键力量</u>。2021年12月，国务院印发《"十四五"数字经济发展规划》，明确提出要高效布局人工智能基础设施，提升支撑"智能+"发展的行业赋能能力。2022年8月，科技部等六部门联合印发《关于加快场景创新以人工智能高水平应用促进经济高质量发展的指导意见》，明确提出要探索人工智能发展新模式、新路径，加快打造人工智能重大场景应用，提升人工智能场景创新能力，更好支撑数字经济高质量发展。

7.1.1 人工智能产业高速发展，开启智能时代浪潮

2023年7月，工业和信息化部副部长徐晓兰出席世界人工智能大会开幕式并在致辞中表示，近年来我国人工智能产业蓬勃发展，核心产业规模达到5000亿元，企业数量超过4300家，智能芯片、开发框架、通用大模型等创新成果不断涌现。人工智能与制造业深度融合，已建成2500多个数字化车间和智能工厂，有力推动了实体经济向数字化、智能化、绿色化转型。在人工智能产业迅猛发展期间，我国的领军企业不断在自动驾驶、语音识别、图像识别、智能机器人、智能汽车、可穿戴设备、虚拟现实等人工智能关键应用领域，以及计算机视觉、自然语言处理、语音处理、自动驾驶等人工智能核心技术领域取得突破，开启了全球智能时代的新浪潮。例如，百度公司研发的自动驾驶、科大讯飞研发的智能语音助手、华为公司研发的全栈全场景解

决方案等加速了智能化时代的来临，在全球范围内处于领先地位。我国人工智能产业迈向了产业加速、市场壮大、应用拓展的快速发展阶段。

7.1.2 人工智能融合应用加速，全面赋能实体经济

以人工智能为代表的新兴技术正在加速推动传统生产架构的深刻变革。这种变革不仅孕育了新的生产要素和流程，而且不断融入全球产业格局。随着数据基础的不断成熟，人工智能已经正式进入应用的产业效益转化阶段。在这一阶段，"智能+"产业迅速发展，涵盖了智慧零售、智慧文旅、智慧出行、智慧金融等商业服务领域，智慧医疗、智慧教育、智慧政府等公共服务领域，以及智慧制造、精准农业等产业。人工智能和实体经济加速融合，可以促进创新更迭，推动技术、模式和市场的创新，提升创新效能，更好地支撑我国实体经济的快速发展。

7.1.3 人工智能助力数字化转型，驱动数字经济智能化跃升

根据中国信息通信研究院发布的《中国城市数字经济发展报告（2023）》，我国数字经济规模已超过 50 万亿元，稳居世界第二，占 GDP 比重达到 41.5%，显示了数字经济与实体经济融合程度日益紧密的趋势。产业数字化转型持续加速，而人工智能等前沿技术的全面推进更是推动了数字产业化和产业数字化发展，进一步促进了数字经济和实体经济的深度融合。人工智能等前沿技术的创新突破，是我国数字经济发展的关键抓手和重要依托。

7.2 AI 创新链与产业链驱动数字经济迈入新阶段

人工智能产业链和创新链的融合发展是加速推动产业发展的重要手段，为数字经济时代的新模式和新业态的涌现提供了有力支撑，助力数字经济的高质量发展。创新链作为人工智能创新发展的关键环节，展现了人工智能与互联网、大数据等产业的深度融合，加速赋能传统产业。而产业链则全面、多层次、系统地梳理了人工智能产业行业的发展状况，是人工智能产业茁壮成长的关键环节。

7.2.1 国家政策引领人工智能创新高质量运用

在新时期，党和国家领导人高度重视人工智能产业的建设与发展，并将其作为数字经济的重点产业之一，提升至国家战略的高度。2021 年 5 月，习近平总书记在中国科学院第二十次院士大会、中国工程院第十五次院士大会、中国科协第十次全国代表大会上指出，"科技创新速度显著加快，以信息技术、人工智能为代表的新兴科技快速发展，大大拓展了时间、空间和人们认知范围，人类正在进入一个'人机物'三元融合的万物智能互联时代。""要在事关发展全局和国家安全的基础核心领域，瞄准人工智能、量子信息、集成电路、先进制造、生命健康、脑科学、生物育种、空天科技、深地深海等前沿领域，前瞻部署一批战略性、储备性技术研发项目，瞄准未来科技和产业发展的制高点。"同时，《中华人民共和国国民经济和社会发展第十四个五年规划和 2035 年远景目标纲要》正式将人工智能列为数字经济重点产业，将其视为赋能实体经济，提升产业基础能力和产业链现代化水平的战略组成。

在 2023 年世界人工智能大会期间，工业和信息化部表示我国将以人工智能与实体经济融合为主线，加快培育壮大智能产业。我国计划加快研究制定人工智能产业政策，引导各界集聚资源形成发展合力。此外，我国还计划打造生态主导型龙头企业，培育一批专精特新的"小巨人"企业，同时支持开源社区建设，构建具有竞争力的产业生态。可以预见，在国家战略发展需求和政策动能的推动下，人工智能将与 5G、云计算、大数据、物联网等领域深度融合，共同为智能经济的发展提供赋能与支撑。以 AI 新基建为代表的新型基础设施将在促进经济发展、满足人民日益增长的美好生活需要方面发挥愈加重要的作用。

7.2.2 人工智能创新链和产业链交互发展

创新是引领发展的第一动力，而产业则是经济发展的重要载体。围绕产业链部署创新链、围绕创新链布局产业链，结合人工智能等先进前沿技术，促进经济高质量发展是加速推动我国由"制造大国"转向"智造大国"的重要抓手。从图 80 中可以看出，人工智能关键技术创新链涵盖了大数据、深度学习、智能云等主要技术领域，以及专利、创新主体、人才等要素。在这些要素中，创新主体和人才是创新链最基本的要素，专利则是成果转化、前沿技术探索的根本保障，也是创新链发展最核心的体现。人工智能知识、技术在整个过程中的流动、转化和增值效应都可以通过专利成果申请、转让、许可以及融资等一系列活动直观地反映出来。人工智能主要应用产业链则是技术创新链的产业化应用层面，发展至今已经形成智慧工业、智慧城市、智慧交通、智慧医疗、智慧金融等多方面的产业链条。

可以说，专利，尤其是高价值专利在人工智能创新链条、产业链融合发展过程中起到了保障、护航、链接等重要角色。

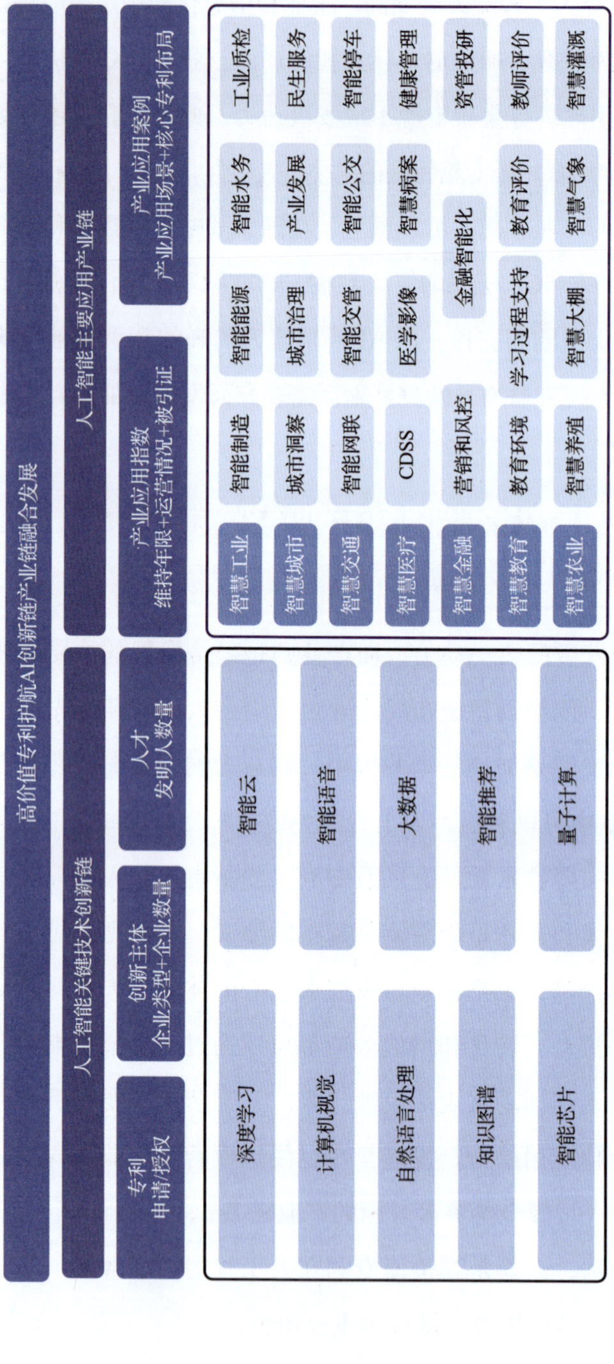

高价值专利护航AI创新链产业链融合发展

人工智能关键技术创新链

专利授权	创新主体	人才
专利申请数量	企业类型+企业数量	发明人数量

- 深度学习
- 计算机视觉
- 自然语言处理
- 知识图谱
- 智能芯片
- 智能云
- 智能语音
- 大数据
- 智能推荐
- 量子计算

人工智能主要应用产业链

产业应用指数	产业应用案例
维持年限+运营情况+被引证	产业应用场景+核心专利布局

智慧工业	智能制造	智能能源	智能水务	工业质检
智慧城市	城市洞察	城市治理	产业发展	民生服务
智慧交通	智能网联	智能交管	智能公交	智能停车
智慧医疗	CDSS	医学影像	智慧病案	健康管理
智慧金融	营销和风控	金融智能化		资管投研
智慧教育	教育环境	学习过程支持	教育评价	教师评价
智慧农业	智能养殖	智慧大棚	智慧气象	智慧灌溉

图 80 人工智能创新链产业链融合发展图谱

7.2.3 双链融合激发数字经济诞生新模式新业态

推动创新链、产业链融合发展是科技推动经济增长的重要路径，是技术与产业实现良性互动的坚实基础，也是经济社会高质量发展的必然选择。近年来，我国人工智能和实体经济的深度融合正成为经济转型升级和可持续发展的动力源泉，推动我国产业向全球价值链中高端迈进。图 81 所示为 AI 双链融合发展全景图。

AI双链融合发展全景图

AI产业链：智慧城市、智慧交通、智慧医疗、智慧金融、智慧工业、智慧教育、智慧农业

高价值专利：创造力、保护力、运用力、竞争力、影响力

AI创新链：深度学习、智能云、计算机视觉、自然语言处理、量子计算、智能推荐、智能语音、知识图谱、大数据、智能芯片

技术不断创新	创新主体多层次发展	产学研合作	技术人才规模不断扩大
专利数量不断增长 110万+件 中国第一	大型互联网公司 中小企业 科研院所	高校AI专利24.6万件 高校企业合作共享	专利发明人 30000+人

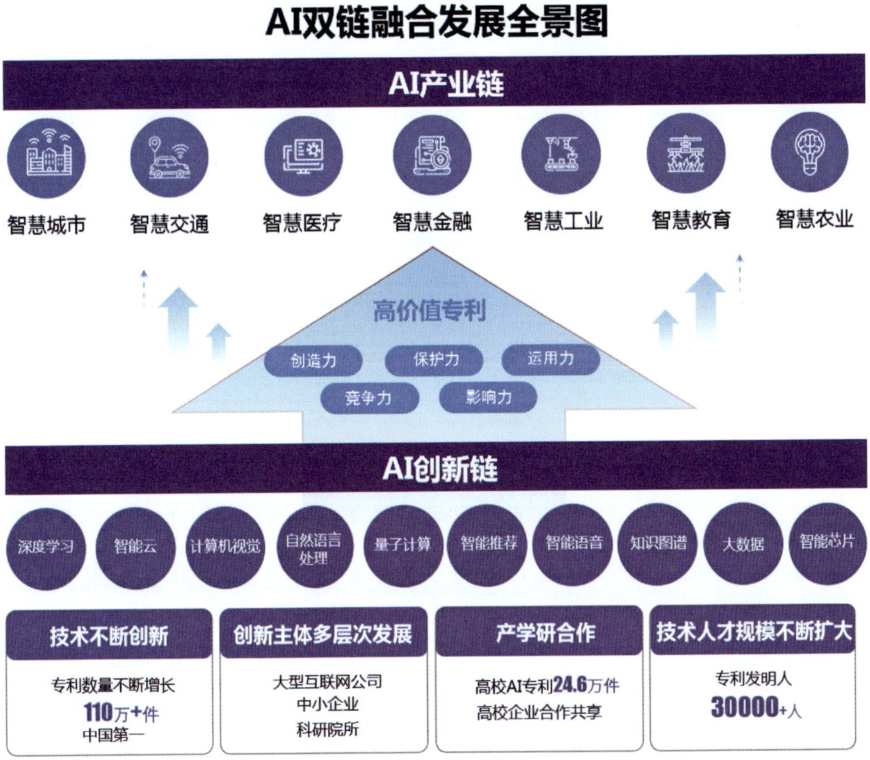

图 81　AI 双链融合发展全景图

近年来，人工智能与实体经济的融合呈现出显著成效。其中一个显著体现在传统行业转型升级加速，涌现出一批典型的"传统行业＋人工智能"企业，

并广泛推广了智能化升级的典型案例,形成了新的人工智能与实体经济融合的模式和方法。

在智能制造领域,智能技术的应用极大地提升了产品检测效率和设备利用效率。智慧教育领域也在积极探索,多所学校利用智能云、大数据、人工智能等技术,建立了智慧教育云平台,通过智慧云课堂、智能测评、智能作业、移动课堂、个人空间等核心应用,实现了学生、教师、家长和教育管理者的一体化解决方案。智慧医疗领域也在不断发展,智能技术有效地减轻了医护人员的工作压力,提高了医疗设备的诊断准确性和服务便捷性。目前,我国已经颁发了40余张人工智能影像医疗器械的三类医疗器械证书。

百度云依托人工智能技术,采用"智能终端+弹性算力"模式,在江苏常熟地区实现了供需对接,有效利用闲置产能和算力,提升了企业效益,赋能了区域生产产能的"一网通享"。目前,百度工业互联网平台已经成功接入了苏州区域600余家工厂的4万多台设备,并成功消化了3亿多元的剩余产能,实现了区域内产业结构的转型升级。当前,我国的智慧金融、智慧医疗、智慧交通、智慧农业等领域都取得了显著进展,形成了完整的产业链条。

科技部发布《科技部关于支持建设新一代人工智能示范应用场景的通知》。这份通知对新一代人工智能示范应用场景的支持标志着我国在人工智能领域的发展取得了重要进展。首批支持的十个示范应用场景涵盖了智能工厂、智慧家居、智能教育、自动驾驶、智能供应链等领域,展现了人工智能技术在各行各业的广泛应用前景。数字经济的发展助推了新业态新模式的不断涌现,人工智能已经渗透到各个行业,促成了生产方式、生活方式和治理方式的深刻变革。工业互联网的应用更是覆盖了45个国民经济大类,为各行业创造了大量智慧应用场景。作为百度智能云的工业互联网品牌,开物在汽车、电子、化工等20多个行业为企业提供了智能化解决方案。我国智能制造应用规模全球领先,已经建成了700多个数字化车间/数字工厂,并实施了305个智能制造试点示范项目和 420 个新模式应用项目，培育了 6000 多家系统解决方案供应商。人工智能双链融合的深度和广度不断增强，带来了"头雁"效应，为数字经济的发展提供了新的动能和活力。这些发展表明我国在人工智能领域已经处于领先地位，为未来的数字经济发展奠定了坚实基础。

7.3 高价值专利为 AI 创新链与产业链全面融合保驾护航

2021 年 6 月，习近平总书记在两院院士大会和中国科协十大上的重要讲话中，两次强调创新链、产业链融合对以科技创新提升产业基础能力和产业链现代化水平具有重大的指导意义。专利是技术创新的重要体现，也是产业发展的核心要素，高价值专利相较于普通专利，具有更强的创造力、保护力、运用力、竞争力和影响力。在人工智能技术发展早期，专利本身体现的技术先进性和保护力在高价值专利评价中占比较大。随着技术逐渐向产业应用落地发展，人工智能高价值专利影响因子中的运用力、竞争力和影响力的作用更加突显。在国家贯彻新发展理念，构建新发展格局的新时期，作为战略性新兴产业的 AI 领域，高价值专利的底层支撑与系统推动价值将越发重要，是激发创新活力，从而推动 AI 产业高质量发展的重要手段。

从行业公认的能够直观体现高价值专利的几个因素来看，人工智能领域的我国专利奖、专利许可转让数量、专利诉讼数等均在 2011 年、2012 年前后开始活跃，逐渐递增。进入 2011 年后，正是我国大数据、云计算、互联网、物联网等信息技术蓬勃发展的时期，以深度神经网络为代表的人工智能技术飞速发展，大幅跨越了科学与应用之间的"技术鸿沟"。例如，图像分类、语音识别、人机对弈、无人驾驶等人工智能技术实现了从"不能用、不好用"到"可以用"的技术突破，迎来爆发式增长新高潮，并在产业链端多场景多领域得以展现。这充分体现了我国人工智能技术逐渐走向成熟的过程，展现了高价值专利对技术产业应用相辅相成的走势，同时也体现了高价值专利在双链融合过程中的保驾护航作用。

7.3.1 AI 技术流转活跃程度提升，高质量专利护航高水平技术应用

随着我国人工智能技术的发展，高价值专利的转化应用为人工智能的发展赋予了新动能，技术"好用"，产业"敢用"，创新主体能够获得回报，这都是高价值专利的价值体现。国家在加大高价值专利保护力度方面采取了立法和实践相结合的措施，全面促进高质量知识产权的转让和转化。企业如百度等在人工智能领域发挥了积极作用，建立了人工智能运营平台，打通了上下游企业之间的技术转让渠道，构建了良好的人工智能知识产权生态。从图 82 中可以看出，AI 产业链的专利转让数量呈现上升趋势，截至 2021 年，AI 专利转让数已达到 16000 余件。这一趋势表明，明晰的产权在专利权人和产业端之间构建起了一个桥梁，使得技术"好用"和产业"敢用"成为现实。这种积极的转让和转化势头有助于推动人工智能技术的广泛应用和产业化，促进了技术创新和产业发展的良性循环。通过共享和交流知识产权，各方能够更好地利用资源，加速技术的落地和商业化，推动人工智能产业链的健康发展。

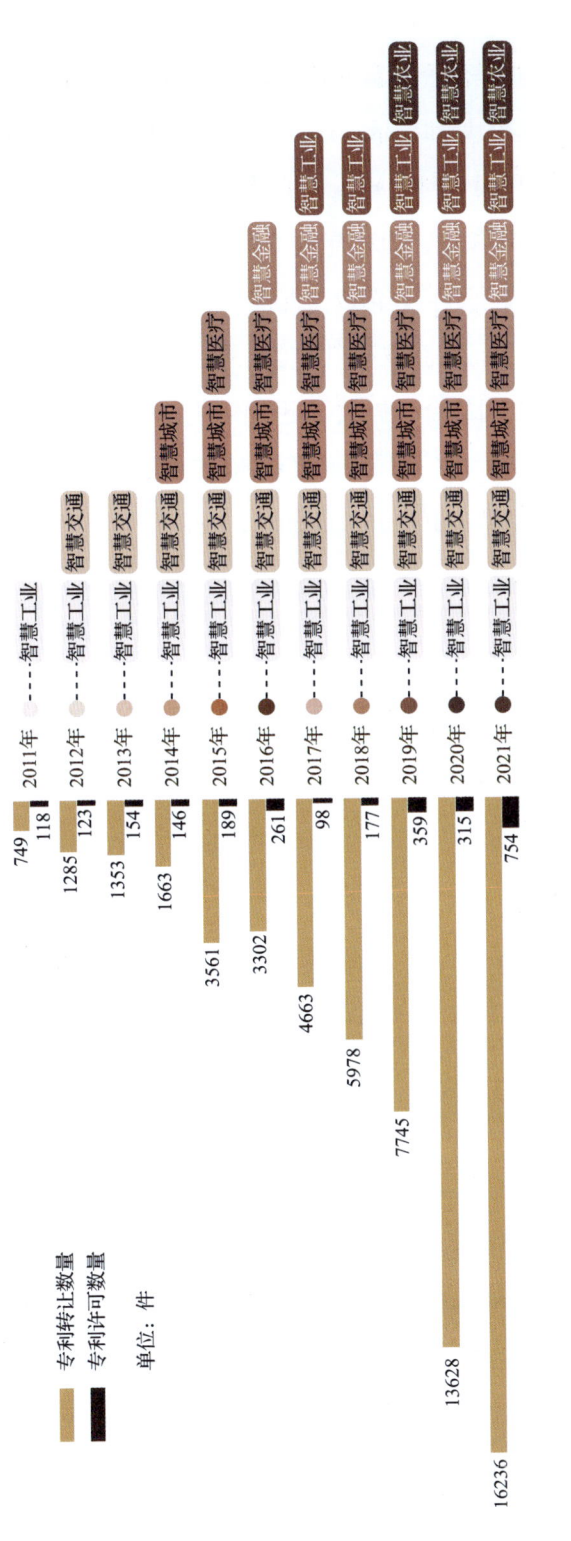

图 82　AI 专利许可／转让数量及产业分布图谱

专利许可为企业提供了丰富的技术资源，促进了专利的转化和增值。近年来，专利许可数量的增加显示了这一趋势，特别是 2021 年 6 月实施的新修订的《中华人民共和国专利法》新增了专利开放许可制度，进一步推动了专利许可的发展。在 AI 领域，2021 年的专利许可数量达到了 750 余件，这一数据反映了 AI 高价值专利许可逐渐成为促进 AI 产业融合发展的新引擎。通过专利许可，企业可以更灵活地获取和利用他人的专利技术，加速产品开发和创新。同时，这也为企业之间的合作提供了更广阔的空间，促进了产业链上下游的融合与协作。这种持续增长的趋势对推动 AI 产业的发展和创新至关重要，为技术的共享和交流提供了更加开放的环境，有助于构建更加活跃和健康的创新生态系统。

7.3.2　AI 专利诉讼遍及多个应用场景，高价值专利策略打造企业核心竞争力

AI 专利诉讼对技术创新及产业融合的保护作用日益明显，继续朝着程度更深、范围更广的方向发展。从图 83 中可以看出，近年来 AI 专利诉讼数量总体呈上升趋势，由 2011 年及以前的几件增长至几十件，并于 2018 年达到了百件的峰值，反映出创新主体间竞争的激烈程度不断加剧。高价值专利的保护和应用作用逐渐增强。高水平的专利保护策略成为人工智能企业的核心竞争力之一。

早期的 AI 专利诉讼主要集中在智慧交通和智慧城市产业，之后逐渐扩展到智慧医疗、智慧金融、智慧教育以及智慧工业等多个产业领域，保护范围不断扩大。其中，AI 关键技术在智慧交通与智慧城市领域中的应用更加深入，因此，AI 高价值专利在这些领域的保护作用更为突出。相比之下，智慧医疗与智慧农业领域的诉讼专利数较少，这提示着 AI 关键技术在这些领域的融合

发展有待进一步推动。未来，需要 AI 高价值专利持续发挥作用，为技术创新和产业融合提供保障，促进人工智能产业的健康发展。

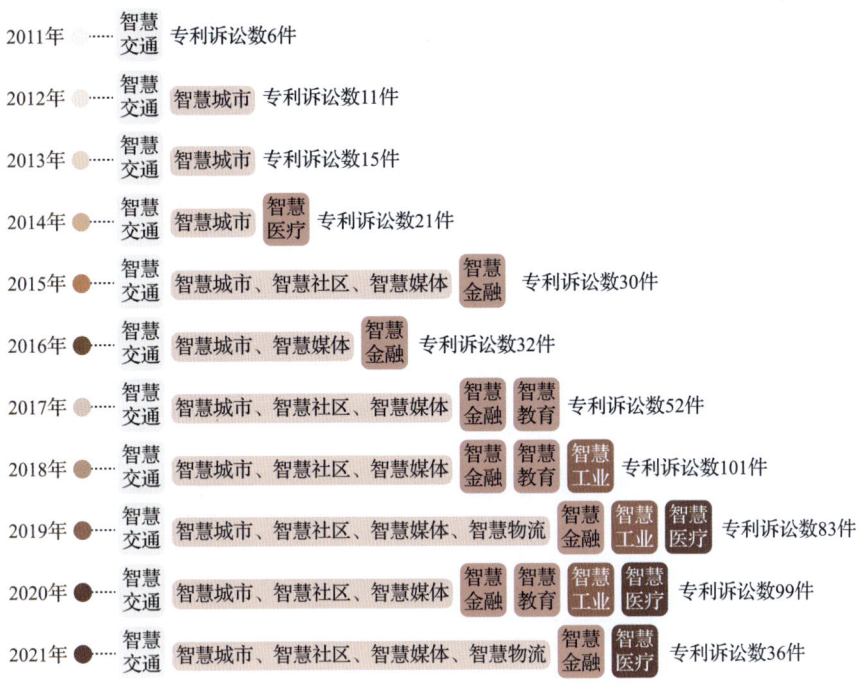

年份	产业分布	专利诉讼数
2011年	智慧交通	6件
2012年	智慧交通、智慧城市	11件
2013年	智慧交通、智慧城市	15件
2014年	智慧交通、智慧城市、智慧医疗	21件
2015年	智慧交通、智慧城市、智慧社区、智慧媒体、智慧金融	30件
2016年	智慧交通、智慧城市、智慧媒体、智慧金融	32件
2017年	智慧交通、智慧城市、智慧社区、智慧媒体、智慧金融、智慧教育	52件
2018年	智慧交通、智慧城市、智慧社区、智慧媒体、智慧金融、智慧教育、智慧工业	101件
2019年	智慧交通、智慧城市、智慧社区、智慧媒体、智慧物流、智慧金融、智慧工业、智慧医疗	83件
2020年	智慧交通、智慧城市、智慧社区、智慧媒体、智慧金融、智慧教育、智慧工业、智慧医疗	99件
2021年	智慧交通、智慧城市、智慧社区、智慧媒体、智慧物流、智慧金融、智慧医疗	36件

图 83　AI 专利诉讼数量及产业分布图谱

第 8 章
AI 专利助力培育新兴应用场景，推动产业链转型升级

8.1 AI 创新链产业链融合应用场景丰富

在日益增长的商业需求下，人工智能技术正以前所未有的速度渗透到传统产业中。对于传统产业来说，通过深度融合人工智能技术，传统产业创造出了更多新的价值增长点和应用场景。在我国，人工智能的应用场景主要集中在城市管理、交通、医疗、金融、制造、教育和农业等传统领域，并在这些领域得到了广泛而深入的应用。

在城市管理领域，人工智能辅助下的智慧城市建设是城市管理理念发展的一大趋势。当前，智慧城市的概念涵盖了几乎所有的社会和生活范畴，包括环境治理、经济治理、生活信息、物流运输和政府治理。随着科技的发展，人工智能被广泛运用到了各个方面，从交通到文旅，从安防到家居，人工智能在改变着人们的生活，也使智慧城市的建设得以实现。

近几年，随着我国在新基建和交通强国战略下出台一系列政策鼓励智慧

交通行业发展，智慧交通领域不断涌现新型业务，如智慧高速、智慧公路、智慧停车、车路协同、智慧交管等，正在推动着交通体系向智能化转型。人工智能技术在这个转型过程中起着至关重要的作用，随着人工智能技术的逐渐成熟，已经在各个领域得到落地应用。

在医疗领域，随着现代城市化和工业化建设进程的不断加快，人工智能技术的应用正逐渐融入医疗领域，并在一定程度上提高了医疗水平，切实保障了人们的生命和财产安全。例如，在智慧医疗系统中，医疗卫生产业机构可以通过智能医疗系统平台获取病人的相关信息，为后期治疗提供参考依据。

在金融领域，人工智能技术的应用极为重要。金融行业涉及大量的交易和信息数据，通过信息系统的整合和通信利用，能够促进金融行业的科学发展。借助网络技术，可以对数据进行筛选、应用、识别和安全风险控制等技术的开发。当前，金融行业主要依托互联网技术，运用大数据、人工智能和智能云等金融科技手段，全面提升了金融行业在业务流程、业务开拓和客户服务等方面的智慧水平，使得金融产品、风险控制、客户获取和服务智能化，表现出高效率和低风险的特点。

在制造业领域，智能工厂解决方案针对流程制造业和离散制造业中的关键业务环节，如生产调度、参数控制和设备健康管理，综合运用工厂数字孪生、智能控制和优化决策等技术。这些技术使得生产过程能够实现智能决策、柔性化制造、大型设备能耗优化以及设备智能诊断与维护，形成了具有行业特色且可复制推广的解决方案。在化工、钢铁、电力和装备制造等重点行业中，这些解决方案已经进行了示范应用，取得了显著成效。

在教育领域，人工智能技术主要应用于个性化学习、虚拟导师、教育机器人和场景式教育等方面。当前，人工智能技术逐渐开始替代人类教师的部分职能，如答疑机器人和考试自动批阅系统。例如，自动批阅系统利用图像识别等技术，可以快速比对考生答案与标准答案，实现快速评分。

在农业领域，人工智能技术贯穿于农业生产的各个阶段，包括产前、产中、产后直至销售，广泛应用于植物保护、土壤肥水管理、设施园艺管理、作物栽培管理、畜禽养殖、水产养殖以及农产品销售决策等各个方面。农业领域的智能产品应用包括智能喷洒机器人、采摘机器人、智能土壤探测、病虫害识别系统、气候灾害预警系统等。这些应用大大提高了生产效率，并增加了农业产出。

8.2 AI 专利助力产业应用场景落地

从图 84 中可以看出，我国人工智能创新链的产业化应用主要集中在智慧城市、智慧交通、智慧医疗、智慧金融、智慧工业、智慧教育和智慧农业等领域。从创新链主要创新主体的应用场景分布来看，智慧工业是目前各方主要布局的技术应用场景，AI 专利申请数量达到 65 万余件，是上述七个场景中发展最为成熟的一个。其次就是智慧金融，AI 专利申请数量为 30 万余件。

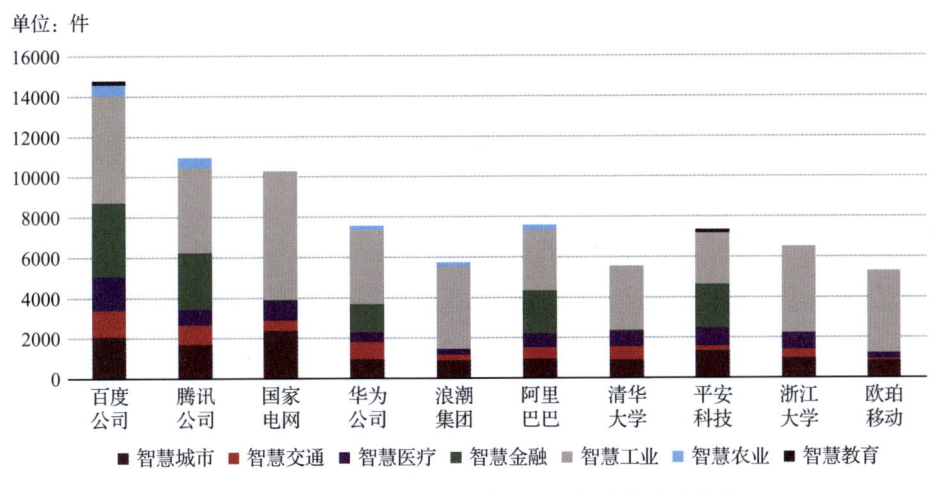

图 84 我国人工智能产业链前十名创新主体专利数量

智慧工业基于人工智能、智能云和物联网等技术，通过人与智能机器的合作，连接工业生产中的各个环节，扩大、延伸并部分取代人类专家在制造过程中的脑力劳动，促进制造业打破行业壁垒，提高生产效率，因此受到市场的广泛青睐。

智慧城市的发展主要源于当前城市化日益提高带来的市场需求。基于人工智能、智能云等技术的应用，在整个城市中建立互联互通的基础架构可为城市节约更多空间，使城市管理更加顺畅。当城市的各个方面都互联互通时，将创造更具凝聚力的功能性环境。

智慧金融本质上是技术对金融业的赋能，同时也是因技术发展引起的连锁反应。信息技术的发展改变了客户消费习惯，推动了支付方式的数字化发展，加深了互联网企业在金融业的渗透。人工智能技术的应用使得价值信息、基础设施和应用的结合成为可能。目前，人工智能通过数据、算力、算法、场景的深度结合广泛应用于营销、风险控制等场景。

智慧交通是伴随城市化进程和交通智慧化管理的需求而产生的新兴行业。在智能交通的基础上，智慧交通充分运用人工智能、物联网、智能云、互联网等高新技术汇集交通信息，对交通领域的全方面以及交通建设管理的全过程进行管控支撑，使交通系统在区域、城市甚至更大的时空范围具备更强的管理能力，以充分保障交通安全、发挥交通基础设施效能、提升交通系统运行效率和管理水平，为通畅的公众出行和可持续的经济发展服务。

智慧医疗以人工智能技术为工具，取代部分人工基因测序、诊断治疗、手术操作等工作环节，提供基于大数据的系统化精准精细医疗服务。人工智能技术使智慧医疗的数字化人体和数字化医疗等高度智慧化，部分代替了以往由人力完成的医疗工作，构建了从底层基因、中层病症数据，到上层诊断和手术的上下一体的人与机器互联、协作、共进的新医疗体系。

智慧教育在人工智能、"互联网+"、大数据、虚拟仿真等信息技术的支持下，对教学场景进行智能化升级，改善教学体验，提升教学效果。智慧教育的基本特征是开放、交互、协助、共享,以促进教育现代化,用智能技术来改变传统模式,构建智能化、数字化、个性化的现代教育体系。

智慧农业以人工智能、物联网、大数据、农业生产技术为基础,为农业领域提供从生产到经营的"智慧农业"整体解决方案,是现代信息技术与传统农业深度融合形成的数字化农业,实现了生产过程的精准感知、智能控制、智慧管理。智慧农业改变了传统农业生产方式,在种植业、禽畜业、林业、水产等行业发挥了积极作用,引领现代农业发展,对改造传统农业具有重要意义。

第 9 章
AI 产业链发展加快推进技术场景化应用

9.1　AI 专利加速覆盖智慧城市建设

　　智慧城市是利用各种信息技术将城市系统和服务打通集成，以提升资源利用效率、优化城市管理和服务、改善市民生活质量的城市发展模式。

　　当前，我国的智慧城市建设呈现出从大中城市向中小城市和区县蔓延的趋势。随着智慧城市投资规模的扩大，我国陆续推进智慧城市试点建设。据住房和城乡建设部公布的数据，我国已有 290 个智慧城市试点，正逐步成为全球领先的智慧城市建设实施国。在省级层面上，经济发达省份的智慧城市产业基础较好，数字化意识强，顶层设计理念领跑全国。浙江、上海、广东等地已陆续出台数字化发展相关政策。在市级层面上，各地结合自身城市建设需求及本土智慧城市企业实力，智慧城市建设将呈现各具特色。而在县级层面上，智慧县城建设将是未来的重点。随着科技的进步，人工智能技术被广泛应用于智慧城市建设中。

9.1.1 专利技术创新助力城市数字化转型

当前，智慧城市建设领域应用的人工智能技术主要包括知识图谱、计算机视觉、大数据、自然语言处理、智能语音和智能云等。截至2023年年底，我国智慧城市领域申请AI专利共计24.9万余件，其中发明专利占比约90%。

从图85中可以看出，在我国智慧城市领域，百度公司以3000余件的申请专利和近900件的授权专利排名第一，显示了其在该领域拥有良好的技术基础。其次是腾讯公司，其专利申请数量为2400余件。国家电网则以2300余件的申请数量排名第三。前四位创新主体的专利申请数量均超过1900件，而第五位及以后的创新主体与前四位拉开了差距，显示出相对较强的专利竞争力。此外，智慧城市领域AI专利申请数量前十名中包括浙江大学和清华大学两所高校。据统计，这两所高校在智慧城市领域的专利申请数量均达到900余件，在众多创新主体中位列前茅。高等院校由于涵盖专业广泛、综合性强，通过产学研合作可以为智慧城市领域的发展提供全新的维度。

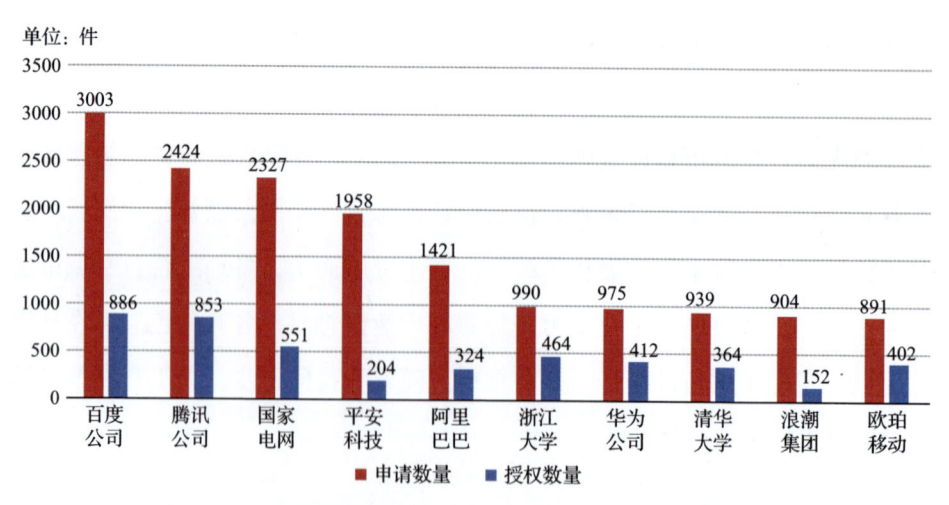

单位：件

创新主体	申请数量	授权数量
百度公司	3003	886
腾讯公司	2424	853
国家电网	2327	551
平安科技	1958	204
阿里巴巴	1421	324
浙江大学	990	464
华为公司	975	412
清华大学	939	364
浪潮集团	904	152
欧珀移动	891	402

图85 我国智慧城市领域AI专利申请数量和授权数量排名

观察该领域主要创新主体的专利技术分布可发现，计算机视觉技术是当前各家竞相布局的技术方向之一。计算机视觉技术是智慧城市建设的基础性技术之一，其目标是使机器能够理解世界并提供信息，以及根据这些数据自动执行任务。将 AI、计算机视觉技术与物联网相结合，使城市能够处理大量复杂的视觉数据，进一步改善能源分配、简化垃圾收集流程、减少交通拥堵、改善空气质量等城市治理问题。在计算机视觉技术方面，百度公司、腾讯公司、欧珀移动等互联网和科技企业表现突出，布局了大量的核心专利。特别是百度公司和腾讯公司在该技术领域的专利布局显示出其对智慧城市计算机视觉技术的重视。

9.1.2 高质量专利加速新技术在城市大脑中的应用

依据"创造力""保护力""运用力""竞争力""影响力"五大指标维度对智慧城市领域的主要创新主体进行 AI 高价值专利及其创新驱动力评价，得到的排名情况如图 86 所示。

序号	公司	得分
1	百度公司	91.52
2	腾讯公司	90.34
3	国家电网	89.38
4	浙江大学	89.06
5	华为公司	89.01
6	清华大学	88.92
7	阿里巴巴	88.75
8	平安科技	88.71
9	商汤科技	88.66
10	上海交大	88.60

图 86 我国智慧城市领域主要创新主体的 AI 高价值专利及其创新驱动力排名

从图 86 中可以看出，百度公司排名第一，腾讯公司和国家电网分别排名第二和第三。百度公司作为国内人工智能行业的佼佼者，在 AI 高价值专利方面表现出明显优势，较其他互联网公司来说，具有明显竞争力。在第二十届中国专利奖中，百度公司的一项自然语言处理技术专利斩获银奖；在第二十一届中国专利奖中，百度公司的一项知识图谱技术专利斩获银奖；在第二十二届中国专利奖中，百度公司的一项基于自然语言处理的人机交互技术专利斩获金奖；在第二十三届中国专利奖中，百度公司的一项计算机视觉技术专利斩获银奖。另外，在百度公司 2022 年 9 月发布的"十大科技前沿发明"中，"智慧城市全要素双总线技术"作为百度公司 AI 技术在智慧城市领域沉淀应用的技术之一被列入其中。作为国内顶尖的科技企业，华为公司以第五名的成绩进入榜单，足见其近年来在智慧城市领域的投入和付出。2022 年华为公司发布的"2021 年华为十大发明（Huawei Top Ten Innovation - 2021）"中就有多项发明专利应用于智慧城市，包括神经网络、智能驾驶等多个领域的技术专利。

长远展望，我国城镇化率不断提高，预计 2030 年我国城镇化率将达到 75%。我国五大超级都市圈的平均规模将达到 1.2 亿人，这意味着城镇化的发展需求与新兴信息技术产业的进步将推动我国智慧城市的长期建设。该行业的发展潜力巨大，相关专利技术的发展前景值得期待。

9.1.3　智慧城市领域 AI 专利的典型应用

1. 百度智慧城市（见图 87）

百度公司在智慧城市领域的专利数量超过 3000 件，是该领域专利申请量排名第一的创新主体。这些专利覆盖了智能云、计算机视觉、自然语言处理、知识图谱等多个技术领域，表明了百度公司在智慧城市建设方面的广泛涉足和深厚技术积累。这些技术的应用有望为智慧城市的发展提供更多可能性和解决方案，从而推动城市管理、服务和生活质量的进步。百度公司凭借其人工智能的领先优势和智能云技术的深厚沉淀，为智慧城市建设提供了坚实的技术基础，并推动了智慧城市产品的不断发展。例如，某种数据处理方法、装置、电子设备及可读存储介质，涉及数据处理技术领域，尤其涉及知识图谱、智能云和大数据等技术领域，可以应用于智慧城市等场景中，其主要通过设置连接边的权重，使对有权核值的计算更加符合实际的应用场景，使得有权核值相较于传统的核值具有更高的准确性，从而保证对节点在关系图谱中重要程度的有效衡量。

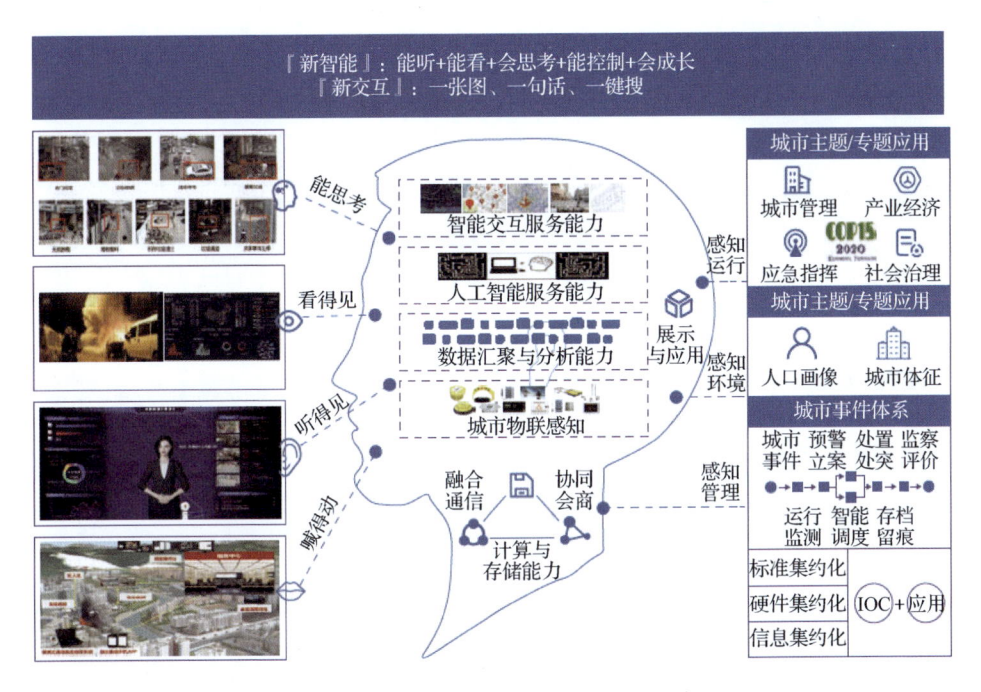

图87 百度智慧城市（来源：百度官网）

在具体应用上，在"2021年新型智慧城市建设发展峰会"上，百度公司与北京市海淀区携手打造的"海淀（中关村科学城）城市大脑"获评"2020

年智慧城市十大样板工程"。AI 计算中心是"海淀（中关村科学城）城市大脑"的基础算力和算法分析平台，依托百度飞桨深度学习平台，推动数十家国产 AI 算法和 AI 芯片企业首次"组团"适配，全栈国产化适配率达 85%。

2. 华为智慧城市（见图 88）

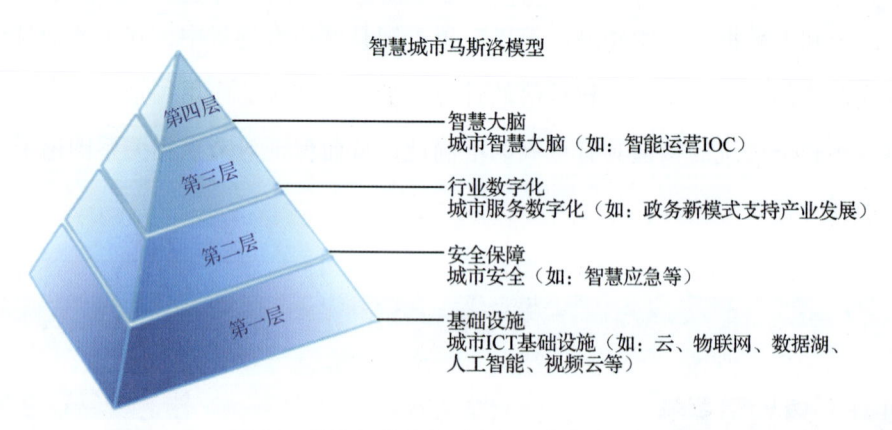

智慧城市马斯洛模型

第四层 —— 智慧大脑
城市智慧大脑（如：智能运营IOC）

第三层 —— 行业数字化
城市服务数字化（如：政务新模式支持产业发展）

第二层 —— 安全保障
城市安全（如：智慧应急等）

第一层 —— 基础设施
城市ICT基础设施（如：云、物联网、数据湖、人工智能、视频云等）

图 88　华为智慧城市（来源于华为官网）

华为公司在智慧城市领域的专利数量超过 900 件，位列该领域专利申请数量创新主体前十。其专利布局涵盖了计算机视觉、智能云、自然语音处理等多个关键技术领域。这一布局显示了华为公司在智慧城市建设方面的积极投入和技术实力，为智慧城市的发展提供了丰富的技术支持和解决方案。随着这些技术的不断演进和应用，有望推动智慧城市建设迈向更高水平和更广泛的发展。华为公司依托其人工智能、智能云技术优势，助力智慧城市建设，并为市场提供了多元化解决方案，推动了国内智慧城市发展。例如，某数据处理的方法与装置主要通过确定原始文本样本，原始文本样本未进行掩码处理；对原始文本样本进行掩码处理，获得掩码训练样本，该掩码处理使得掩码训练样本的掩码比例不固定，掩码训练样本用于训练预训练语言模型 PLM。

华为公司深度参与"数字福州"建设，通过构建共性能力平台，赋能各垂直部委信息化系统建设，在减少重复性建设投资的同时，发挥数据融合价值。华为公司推出城市智能体应用，主要在数字底座和智慧应用等方面聚合生态，加速智慧城市建设。

3. 国家电网

国家电网深耕于电力能源领域，结合人工智能技术，已布局了超过 2300 件智慧能源相关专利，包括 20 余件 PCT（专利合作条约）专利申请，不仅在国内积极布局也在积极谋划国际市场。这些专利涵盖了智能变电站、智能电表、电力设施、智能巡检等多个方面。其中智能巡检方面的专利尤为突出。例如，国家电网开发的某变电站三维实景巡检系统采用了集控层、基站层和终端层等三层网络分布式架构，利用移动式智能巡检机器人等智能化设备，实现了变电站的全天候、全方位、全自主智能巡检和监控。另外，某换流站阀厅智能巡检机器人则利用了水平轨道和竖直轨道形成的壁装组合式轨道，可以实现在两个或多个垂直平面内的位置转移，以满足阀厅设备检测的多样化、复杂的要求。

此外，国家电网还推出了"智慧城市大脑"综合应用服务产品，以电力数据为核心，融合汇聚城市经济、人口、楼市等多元化城市数据，持续推进城市经济监测分析、人口流动分析、疫情影响监测分析、住宅空置监测分析等智能场景的部署和运营。

9.2 AI 专利夯实智慧交通出行数字底座

智慧交通作为人工智能落地应用的重要领域，在解决交通运输问题上发挥着关键作用。近年来，我国将交通强国战略列入国家战略，并相继发布了一系列政策文件，如《关于确定智慧城市基础设施与智能网联汽车协同发展第一批试点城市的通知》《国家车联网产业标准体系建设指南》《中国交通的可持续发展》等，以促进智慧交通的发展。在新基建和交通强国政策的支持下，我国交通运输行业市场规模逐步增长，但同时也面临着如何实现从数量增长到质量提升的问题。人工智能技术在这一转型过程中将发挥至关重要的作用，为智慧交通建设提供坚实基础。尽管我国的智慧交通发展相对较晚，但目前已经进入快速发展阶段。现有的应用示范城市主要集中在交通发达地区。

9.2.1 自然语言处理技术有效提升交通智能化水平

智慧交通领域的人工智能技术主要包括深度学习、自然语言处理、大数据、智能云、智能语音和智能推荐等。通过观察该领域主要创新主体的技术分布可以发现，自然语言处理技术是当前各家竞相布局的关键方向，作为智慧交通的基础技术之一，它致力于处理语音信息、法律信息、道路信息等，以帮助机器理解使用者需求，为智慧交通提供最优解决方案。在这方面，百度公司、腾讯公司等互联网巨头在自然语言处理技术方面表现突出，布局了大量的核心专利，足见其在智慧交通领域深耕已久，并逐渐走向成熟。在上述几类技术中，各创新主体在智慧交通开发中主要强化了对智能云、自然语言处理和智能语音等技术的开发和应用，这和智慧交通建设对技术发展的需求是密不可分的。

截至 2023 年年底，我国智慧交通领域的 AI 专利申请总数量超过 14 万件，其中发明专利占比约为 71%。

如图 89 所示，在智慧交通领域，从各专利创新主体的申请数量和授权数量来看，百度公司以 1800 余件的专利申请数量排名第一，展现了其良好的技术基础。其次是东南大学，其专利申请数量为超过 1400 件。腾讯公司的专利申请数量也接近 1400 件，位列第三。前三名创新主体的专利申请数量均超过 1300 件，与第四位及之后的创新主体拉开了较大差距，显示出它们在专利竞争力方面的相对优势。此外，在智慧交通领域的 AI 专利申请数量前十名中，有七家是高等院校，这反映了我国高等教育对智慧交通发展的重视和投入。高等院校由于其涵盖多个学科领域，综合性强，可以为智慧交通领域的发展提供多方面的支持和创新。

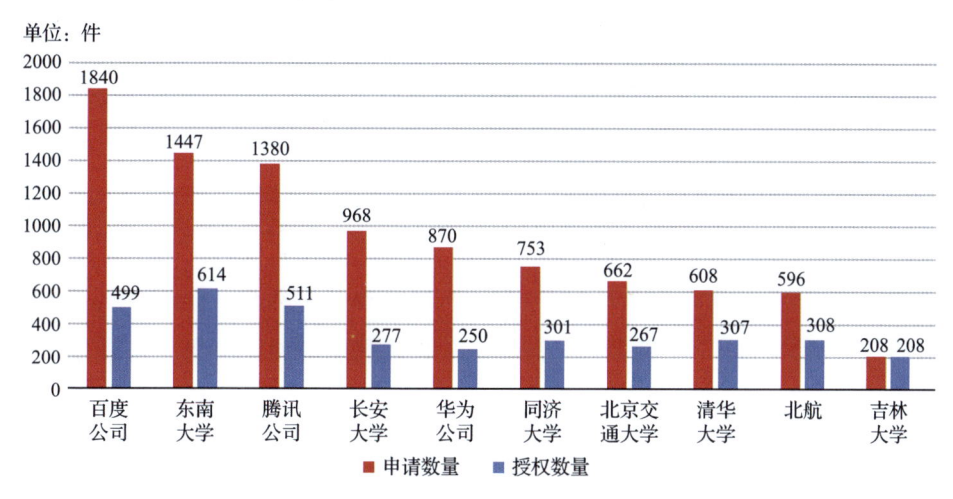

单位：件

创新主体	申请数量	授权数量
百度公司	1840	499
东南大学	1447	614
腾讯公司	1380	511
长安大学	968	277
华为公司	870	250
同济大学	753	301
北京交通大学	662	267
清华大学	608	307
北航	596	308
吉林大学	208	208

图 89　我国智慧交通领域 AI 专利申请数量和授权数量排名

9.2.2　国家政策和技术创新为智慧交通发展保驾护航

对智慧交通领域的主要创新主体进行 AI 高价值专利及其创新驱动力评价，得到的排名情况如图 90 所示。

序号	公司	得分
1	百度公司	93.11
2	华为公司	90.79
3	腾讯公司	89.79
4	同济大学	89.36
5	东南大学	89.33
6	长安大学	89.21
7	北京交通大学	89.03
8	清华大学	89.02
9	北航	88.95
10	吉林大学	88.72

图 90　我国智慧交通领域主要创新主体的 AI 高价值专利及其创新驱动力排名

从图 90 中可以看出，百度公司排名第一，而华为公司和腾讯公司分别排名第二和第三。百度公司作为国内人工智能行业的佼佼者，在高价值专利得分上占有明显优势，较其他互联网公司来说，具有明显竞争力。在第二十三届中国专利奖中，百度公司的一项应用于智能驾驶的专利获得银奖。在百度公司 2022 年 9 月发布的"十大科技前沿发明"中，过去十年有至少三项与智慧交通密切相关的技术成果被列入其中。华为公司凭借其长期积累的技术基础和巨大的研发投入紧跟百度公司之后，在人工智能的相关领域具有一定的优势。2022 年华为公司发布的"2021 年华为十大发明（Huawei Top Ten Innovation - 2021）"中就有三项发明专利应用于智慧交通，包括神经网络等多个技术领域。

此外，智慧交通在国内不断发展的同时，也受到了其他国家的广泛关注和推进。据北京市智能交通协会不完全统计，2021 年国内智慧交通领域出台了 86 项管理政策，发布了 344 项新技术，完成在建项目 202 项；而欧美地区则出台了 63 项管理政策，发布了 153 项新技术，完成或在建项目 72 项；亚洲（不包含中国）出台了 27 项管理政策，发布了 99 项新技术，完成或在建项目 45 项。

9.2.3 智慧交通领域 AI 专利的典型应用

1. 百度智慧交通（见图 91）

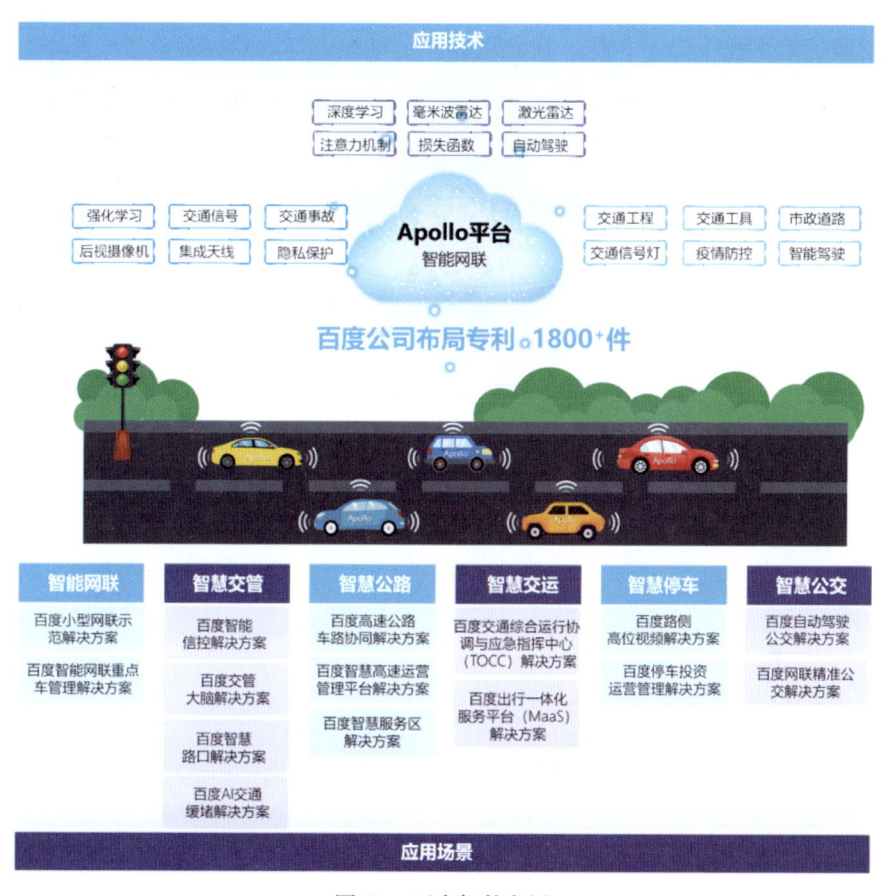

图 91　百度智慧交通

目前，百度公司已在智慧交通领域积累了超过 1800 项 AI 专利，涵盖了计算机视觉、地图数据、人工智能以及事件检测等多个交通技术领域。这些专利技术为百度公司推动交通数字化智能升级提供了强大支持。例如，其中一个智能交通模型训练、交通信息处理方法、装置、设备和存储介质，能够实时生成预测模型，为道路交叉口提供高效、准确的信号灯相位推荐信息。

近年来，百度公司与多地合作开展智能路口改造，其中在重庆永川区改造了超过110个智能路口。这些改造在智能交通系统覆盖范围内带来了显著的改善：主要道路的平均车速提升了11%，平峰停车次数平均减少了59.5%，高峰时段拥堵里程下降了36%。在北京亦庄，高级别自动驾驶示范区已基本完成了2.0阶段的建设，新增了305个智能路口，智能路口总数达到了332个，覆盖了开发区，共60平方公里。这些智能路口的建设使得各类高级别自动驾驶车辆能够常态化地进行测试和商业化服务，预计数量约为300辆。

2. 华为智慧交通（见图92）

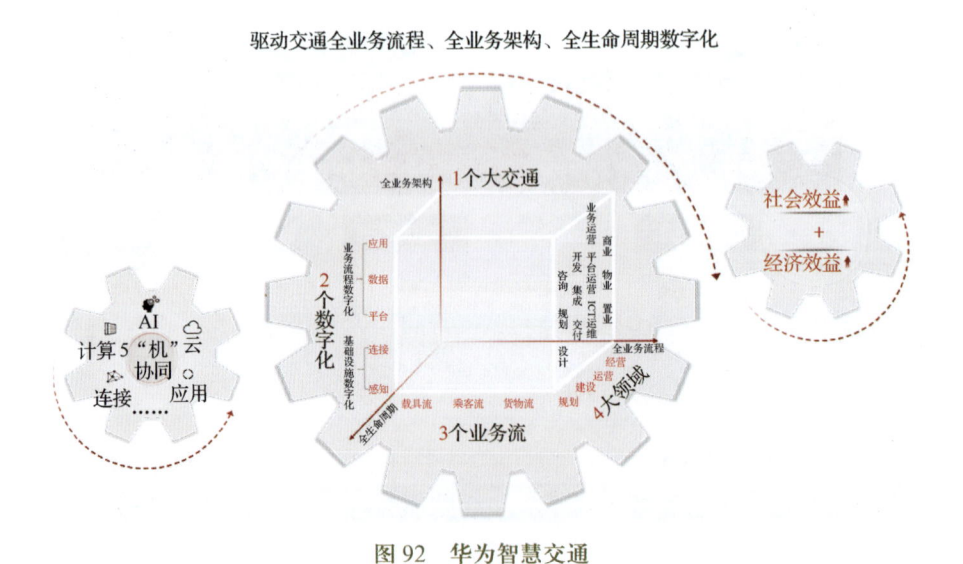

图92 华为智慧交通

华为公司在智慧交通领域的AI专利申请数量已经达到了800余件，覆盖了自动驾驶、智能驾驶、智能汽车、神经网络等关键技术领域。这些专利共同推动了智慧交通的发展，使交通系统更加智能化。例如，其中一项交通流控制方法及其装置，通过收集车载设备的信息指令和行驶意图，根据交叉路口的交通指挥信息进行分析处理，帮助车联网中的车辆在交叉路口安全高效地行驶。

在具体应用方面，华为公司于2019年发布了"智慧交通解决方案TrafficGo2.0"，该方案以华为云EI交通智能体为核心，通过感知、认知、诊断、优化、评价五大服务实现交通治理闭环。这一解决方案已经在多个城市得到了应用和推广，为智慧交通的实际落地提供了有力支持。

3. 东南大学

目前，东南大学在智慧交通领域的专利申请数量达1447件，覆盖了智能感知、神经网络、计算机视觉、地图数据等多个技术领域。通过产学研协同，共同推进智慧交通建设和交通强国战略。例如，某大数据的综合采集及分析方法能够应对海量空间形态数据的处理，进行快速高效的城市三维建筑高精度空间大数据的获取及空间结构要素的测度，实现基于人工智能系统的城市空间分析基础数据的综合采集及信息合成，有助于城市规划与设计全面、规范和高效地运作。

东南大学交通学院与东南大学－威斯康星大学智能网联交通联合研究院的合作有助于加速相关领域人才的培养。随着2021年东南大学新增智慧交通本科专业，为持续输出智慧交通专业化人才奠定了良好基础。

综上所述，智慧交通与传感技术、计算机视觉技术、深度学习技术、5G通信技术等关系密切。其中，车载雷达传感技术可探测路肩、车辆、行人等的方位、距离及移动速度；计算机视觉技术可识别车道线、停止线、交通信号灯、标志牌等信息；深度学习技术可根据收集的交通道路动态信息，实时做出最优路径规划；而5G通信技术的低延时、高带宽特性使得蜂窝V2X（车联网）技术飞速发展，增强了车辆通信的实用性。近年来，全球科技巨头纷纷围绕智慧交通关键核心技术展开密集研发，如博世、特斯拉、谷歌等跨国公司，均已在该领域投入大量研发资源。可以预见，随着各国智慧交通相关法规逐渐成形、行业内技术不断完善、企业积极推动应用落地，智慧交通产业将持续扩张，市场机遇广阔。然而，机遇与风险并存，正如智能手机的出现一样，极大改变了全球原有的市场格局。人工智能与自动驾驶深度融合，极有可能衍生出新的颠覆性技术，并深刻改变汽车产业的现有格局。因此，智慧交通领域相关企业需要密切关注相关前沿技术的变化趋势，提前做好技术研发规划和专利储备。

9.3 AI 拓展智慧医疗服务边界

　　随着人工智能技术的创新发展以及国家政策的持续发力，智慧医疗正迈向高速发展的时代。2017 年，国务院发布的《新一代人工智能发展规划》明确提出，到 2025 年，新一代人工智能在智能医疗等领域将得到广泛应用。2021 年，工业和信息化部联合国家卫生健康委、国家发展改革委等部委印发的《"十四五"医疗装备产业发展规划》提出，要加快智能医疗装备发展。2022 年，科技部、国家卫生健康委等 6 部门联合发布的《关于加快场景创新以人工智能高水平应用促进经济高质量发展的指导意见》提出，在医疗健康等领域持续挖掘人工智能应用场景机会。国内智慧医疗起步较晚，市场集中度仍然较低，行业仍处在持续探索阶段，市场也有待进一步规范与整合。但近年来，在国家政策支持以及前沿技术的共同驱动下，随着人工智能、大数据、传感器等技术的飞速发展，快速形成以患者为中心的医疗数据网络，人工智能与医疗领域的融合逐渐深入，推动医疗真正进入智慧医疗时代。智慧医疗随着互联网特别是移动互联网的发展即将迎来爆发。

9.3.1 专利布局推动医疗数智化变革发展

当前正是国内企业实现弯道超车的较好时机，如何发挥企业自身的技术优势，利用高价值专利抢占智慧医疗制高点，同时规避侵权风险，实现产品的真正"落地"，是所有入局企业应该考虑的共性问题。截至 2023 年年底，我国智慧医疗领域的 AI 专利申请数量已超过 14 万件，其中发明专利数量约占 85%。智慧医疗技术主要涉及计算机视觉、自然语言处理、智能语音等领域，这些领域的专利数量较多、聚集度较高。对于那些入局较早、研发能力较强的企业，他们可以继续在现有关注领域巩固和加强优势。而对于成立时间短或研发能力稍弱的企业，他们则可以在专利数量相对较少的技术领域寻求突破。从图 93 中可以看出，百度公司、平安科技在 AI 专利申请总数量和各分支领域的专利申请数量上均领先于其他创新主体，并且有相对成熟的技术积累。智慧医疗技术创新关系到人民的切身利益。随着人工智能技术的不断发展，智慧医疗技术创新的步伐将不断加快，基础理论、应用场景及应用途径也将不断深化、拓展。

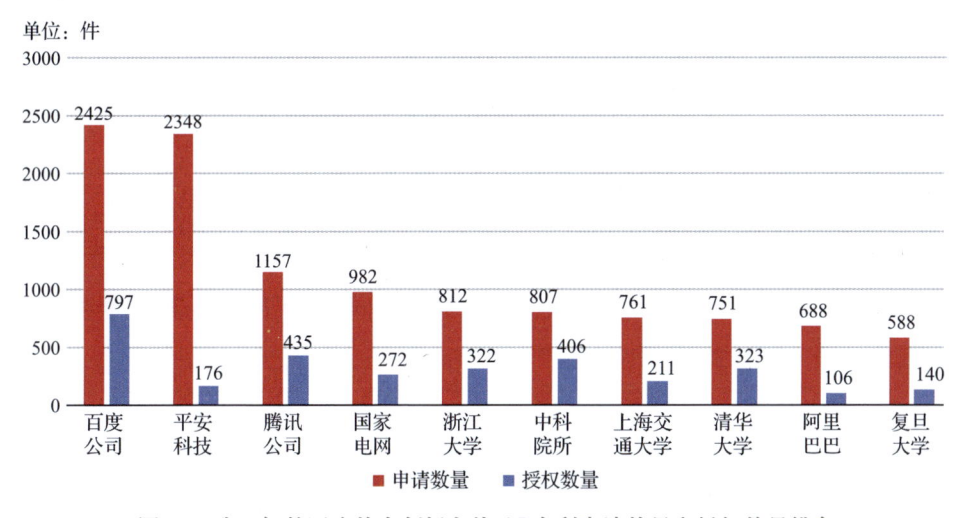

单位：件

创新主体	申请数量	授权数量
百度公司	2425	797
平安科技	2348	176
腾讯公司	1157	435
国家电网	982	272
浙江大学	812	322
中科院所	807	406
上海交通大学	761	211
清华大学	751	323
阿里巴巴	688	106
复旦大学	588	140

图 93　我国智慧医疗前十创新主体 AI 专利申请数量和授权数量排名

9.3.2 高质量 AI 专利对建立智慧医疗系统至关重要

对智慧医疗领域的主要创新主体进行 AI 高价值专利及其创新驱动力评价，得到的排名情况如图 94 所示。

序号	公司	得分
1	百度公司	93.60
2	腾讯公司	91.10
3	浙江大学	89.60
4	阿里巴巴	88.77
5	平安科技	88.68
6	中科院所	87.27
7	上海交通大学	86.88
8	清华大学	86.06
9	复旦大学	85.40
10	国家电网	83.20

图 94 我国智慧医疗领域主要创新主体的 AI 高价值专利及其创新驱动力排名

从图 94 中可以看出，百度公司排名第一，其创造力与竞争力表现突出。百度公司的基于人工智能的深度问答的专利获得第二十一届中国专利优秀奖、基于智能语音识别的医学影像解读专利获得第二十届中国专利优秀奖，这些专利对智慧医疗系统的建立起到了重要作用。总体来看，前十名创新主体中有五家科技企业、五家科研院所，其中科技企业优势明显，科研院所在运用力与竞争力上有待提升。

9.3.3 智慧医疗领域 AI 专利的典型应用

1. 百度智慧医疗（见图 95）

百度灵医智惠是百度公司在医疗领域的 AI 医疗品牌，借助百度大脑的核心技术和人工智能能力，构建了医疗 AI 中台、医疗知识中台和医疗数据中台，为传统医疗行业带来了创新的力量。其产品和服务包括临床辅助决策系统、眼底影像分析系统、医疗大数据、智能诊前助手、慢病管理平台等系列解决方案，涵盖了医院内外的各种场景。特别是其中的眼底病变眼底图像辅助诊断软件，在科研、临床验证、医学指南和产业标准制定、真实世界数据验证等方面表现突出。该软件不仅获得了国家三类医疗器械证书，还成功入选了国家级揭榜项目，彰显了其在医疗行业的重要地位和影响力。通过 AI 技术的赋能，灵医智惠为医疗行业带来了更高效、更精准的诊断和治疗方案，为患者提供了更好的医疗服务和健康管理。

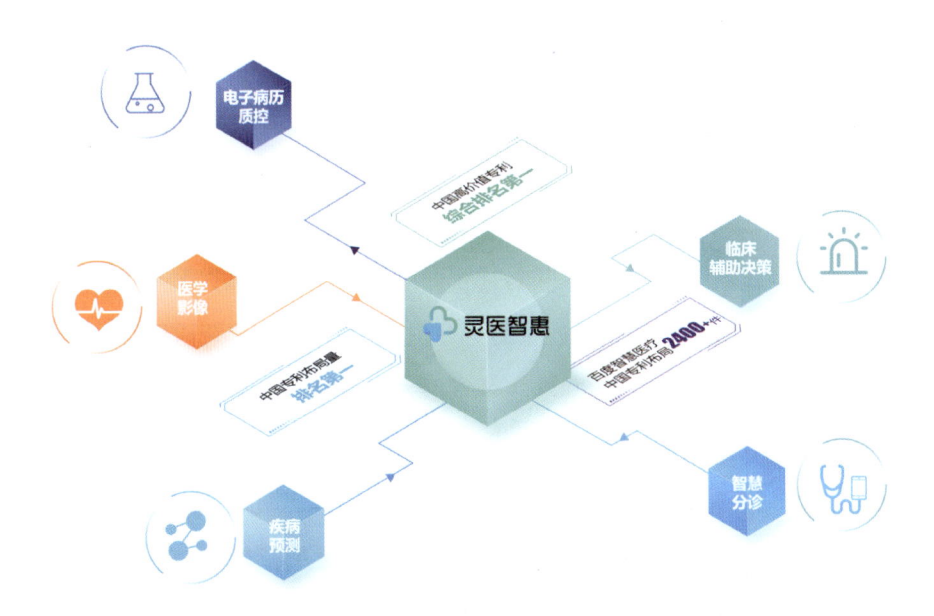

图 95 百度智慧医疗

百度公司在智慧医疗领域已经布局了超过2000件的AI专利，涵盖了临床辅助决策、电子病历质控、智慧分诊、医学影像、疾病预测等多个方面。其中，针对图像处理技术的专利基于临床产生的大量数据和多模态成像，充分发挥机器学习技术的优势，实现了多种疾病的辅助诊断能力。与目前已批准的单一疾病——糖尿病视网膜病变AI相比，这些专利丰富了适用场景，可以帮助基层眼科医生显著提升糖尿病视网膜病变、青光眼、黄斑区病变等致盲眼病的判断准确率，解决了基层阅片人力资源不足、阅片准确率不高等问题。同时，百度还拥有关于临床辅助决策的专利技术，可以使得诊断推荐结果更加符合当前区域的诊断特点，一定程度上解决了诊断推荐的区域差异化问题，提高了临床辅助决策诊断的准确度。在提升医院管理能力方面，百度智慧医疗智审及服务专利技术利用AI技术致力于病例认知、知识和政策自动化解读，构建了服务和规则双闭环，其中服务闭环包括采集、治理、应用和服务；规则闭环包括真实性、合理性和经济性。

2. 科大讯飞智慧医疗

由科大讯飞研发的"智医助理"人工智能辅助诊疗系统，在不改变医生工作流程和习惯的前提下，能够实时分析病历并提出质检提醒，协助医生进一步完善规范病历，同时给出诊断建议。当医生的诊断结果与系统建议不一致时，系统通过审核平台进行风险审核，构建基层危重病/重大传染病的诊疗服务闭环。在新冠疫情防控期间，"智医助理"覆盖湖北省130多个社区，排查出有发热、流行病学史等症状的3万余人。据估算，"智医助理"在助力湖北省防疫时，至少节省了8000多名基层人力的投入。

作为人工智能企业，科大讯飞近年来在智慧医疗领域取得了显著成就，拥有超过600件AI专利，主要涉及人工智能辅助诊疗系统的构建、AI技术切入临床诊断流程、AI技术给予辅助诊断建议等方面。其中一些典型专利包括病情描述与诊断一致性检测方法、主诉与诊断一致性检测方法、科室导诊方法等。科大讯飞联合清华大学，凭借这些发明专利在"机器学习预防和防止流行病"全球挑战赛上，获得疾病自动诊断对话系统赛道第一名。

3. 腾讯智慧医疗（见图96）

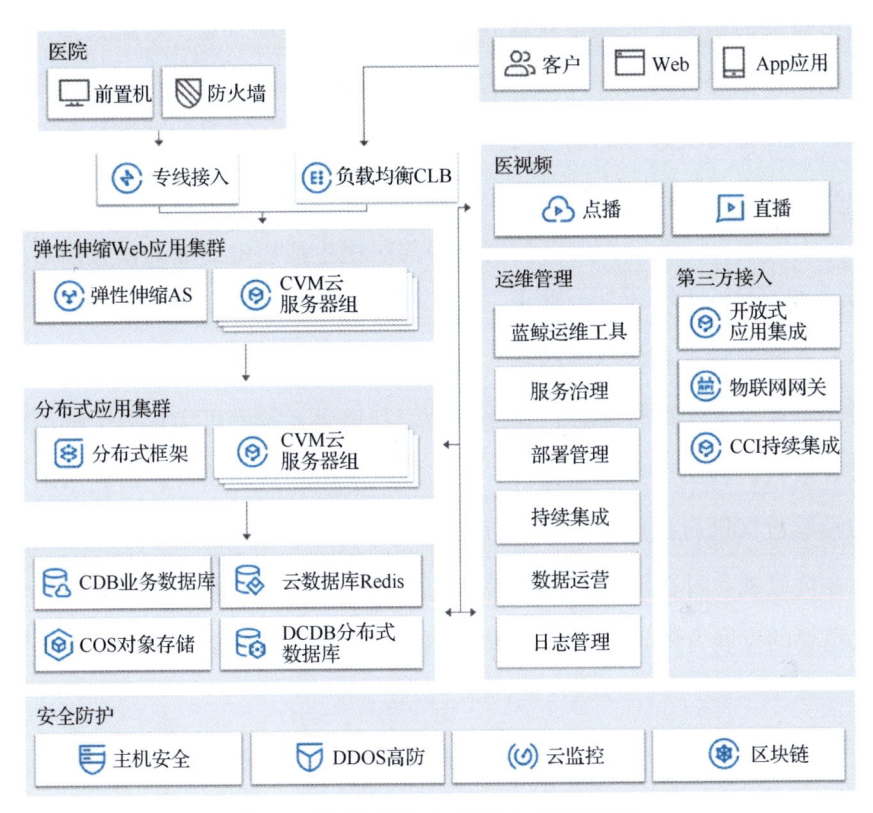

图96 腾讯智慧医疗（来源：腾讯官网）

为解决复旦大学附属肿瘤医院面临的患者数量巨大、等待时间长、优质医疗资源无法合理利用、黄牛号贩猖獗等难题，腾讯公司利用AI技术率先在上海市推出智慧门诊，将复旦大学附属肿瘤医院打造成全国首个通过AI技术提供精准医疗服务的肿瘤专科医院。在患者上传资料后，该智慧门诊利用AI分析患者上传的资料，为患者提供精准医疗服务，并合理匹配优质医疗资源。精准智慧医疗服务开展以来，使患者平均节约了7.4天专家号等待时间，就诊时间也缩短至 2.5 小时，专家门诊效率提高至原来的 3.5 倍。

腾讯公司于 2016 年成立腾讯医疗健康（深圳）有限公司，在智慧医疗领域已布局超过 1000 件 AI 专利，主要涉及大数据平台与自然语言处理、精准医疗、计算机视觉、肿瘤知识库、AI 智能助手等五大领域。这些专利包括基于人工智能的预测分类模型获取方法、医疗信息处理方法、数据处理方法、对象预测方法等。其中一种典型的方法是从历史病历数据中获取训练样本，训练样本表征历史患者的病历数据与其确诊病症的对应关系，并获取与训练样本对应的病症的训练疾病相关文本信息。

综上所述，随着社会经济发展水平与居民生活质量的提高，人们对医疗行业服务水平提出了更高的要求，而人工智能为医疗行业的高质量发展提供了非常有利的技术条件。大数据、图像识别、语音语义识别、深度学习技术与医疗行业交叉关联性较强。具体来看，利用语音技术可实现电子病历的智能语音录入；利用图像识别技术，可实现医学影像自动读片；而利用医疗案例和经验数据进行深度学习和决策判断，可辅助医生实现更精准的诊断与治疗。在健康观念日益深入人心的背景下，"AI+ 医疗"将是人工智能技术领域未来重要的发展方向，值得相关创新主体加以重点关注和布局。

9.4　AI 助力智慧金融服务普及

近年来，人工智能、云计算、区块链等新兴技术的快速发展，为智慧金融的发展奠定了技术基础。目前，我国金融业正在由金融信息化、互联网金融向智慧金融发展，AI 技术在智慧金融领域的应用处于加速落地阶段。以智能营销、智能风控等"人工智能＋金融"的应用不断受到市场青睐，智慧金融场景应用从单一场景向广阔的"生态金融圈"发展。根据华经产业研究院公布的数据显示，2021年AI金融核心市场规模达到296亿元，带动相关产业规模677亿元。

9.4.1　AI技术与传统金融业务深度融合

智慧金融领域的发展离不开多种AI技术的支持，其中包括计算机视觉、自然语言处理、智能语音、知识图谱和大数据等。在实际应用中，自然语言处理和语音技术的结合为金融机构带来了创新性的客户交互模式，降低了人工坐席数量，从而实现了运营成本的优化。而计算机视觉技术则主要应用于金融机构内部流程以及与客户交互的自动化中，对风险控制、客户服务等核心价值链产生积极影响。例如，人脸核身、智慧营业厅以及刷脸支付等场景都是依赖计算机视觉技术的应用。此外，知识图谱在智慧金融中扮演着重要角色，被称为"金融大脑"的核心，其应用包括舆情分析、个人/企业信用分析、风险控制、营销推荐以及智能问答等领域。这些技术的结合和应用，不仅提高了金融行业的效率和服务质量，也推动了金融科技的不断发展。

截至2023年年底，我国在智慧金融领域申请AI专利共计30万余件，其中发明专利占比约90%。从图97中可以看出，百度公司、平安科技、腾讯公司以及阿里巴巴的专利申请量均在3000件以上，与排名第五的浪潮集团（1000余件）拉开较大差距，表明上述四家企业在智慧金融领域的技术积累丰厚、实力强劲。从专利授权量看，腾讯公司、阿里巴巴、百度公司排名前三。此外，京东公司跻身前十。京东公司于2013年开始在人工智能领域投资并大力布局智慧金融，投资了包括京东科技、乐信集团、钱牛牛在内的8家智慧金融公司，在银行、保险、证券、基金等多个业务场景积极布局。工商银行作为唯一的银行机构入围我国智慧金融领域专利创新主体排名前十。工商银行近年来将 AI 技术运用到全渠道运营服务模式升级换代中，作为工商银行重要战略工程的智慧银行信息系统（ECOS）支持端到端的全站式交互式学习和自学习，具备超大规模数据的在线分析和计算能力。

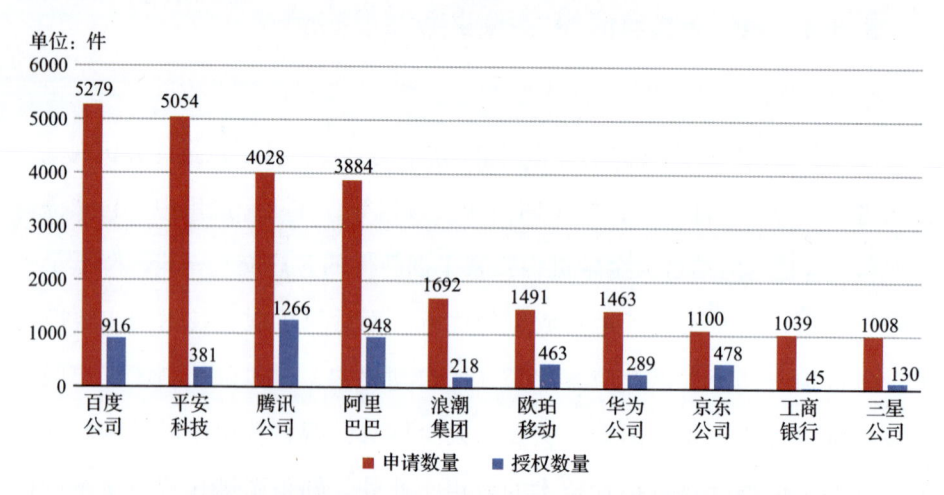

单位：件

创新主体	申请数量	授权数量
百度公司	5279	916
平安科技	5054	381
腾讯公司	4028	1266
阿里巴巴	3884	948
浪潮集团	1692	218
欧珀	1491	463
华为公司	1463	289
京东公司	1100	478
工商银行	1039	45
三星公司	1008	130

图 97 我国智慧金融领域主要创新主体 AI 专利申请数量和授权数量排名

9.4.2 AI 创新延长金融行业衍生价值链

从图 98 中可以看出，排名前五的均为企业创新主体，其中传统互联网企业占据三席。近年来，百度 AI 技术在金融领域迅速渗透，百度智能云智慧金融已为近 500 家金融行业客户提供服务，涵盖营销、风控、运营等场景。而场景应用的加速，正是依托其丰厚的创新积淀，如百度公司公开的一件专利提出了一种信息获取方法，该方法实现了无须依靠财报数据，仅需从诸如新闻的资讯信息中提取出关键词，通过逻辑回归模型，即可完成对金融对象是否会发生预设金融事件的预测，从而及时地提供预测结果。

序号	公司	得分
1	百度公司	90.41
2	腾讯公司	89.63
3	平安科技	89.60
4	阿里巴巴	89.52
5	华为公司	89.13
6	国家电网	88.60
7	清华大学	88.25
8	中科院所	88.11
9	中国石油	88.09
10	浙江大学	87.46

图 98　我国智慧金融领域主要创新主体的 AI 高价值专利及其创新驱动力排名

百度公司在智能营销领域展现了强大的技术实力和创新能力。通过长期的技术研发和服务实践，结合 TEE 可信计算、联邦学习、隔离域等全栈安全计算专利技术，百度公司在保障客户隐私的前提下，实现了数据安全和模型构建。在风险管控方面，百度智能云智能风控平台利用大数据和人工智能等专利技术，建立了覆盖金融业务全流程的风控模型和策略，推动了人工智能技术与业务的深度融合，打造了数字化、智能化的集中式全行级智能风控平台。此外，在全景银行新金融模式场景中，百度公司与合作伙伴共同打造了"数据＋模型＋平台"的全景银行合作方评价体系模式，利用内外部数据联动、机器学习和人工智能技术，提升了对生态圈内合作伙伴的风险和价值评估，预警风险，避免风险传导，智能匹配合作方在生态圈内的价值定位。

另外，平安科技在智慧金融领域也展现出了卓越的表现，入围创新主体前三。平安科技提出了"多模态生物识别系统"，结合更多生物特征的识别，如人脸、声纹和唇语，实现了更精准、更安全、高效的身份核实。平安科技在声纹识别方面拥有庞大的数据积累，拥有亿级小时的声纹库，识别率高达99%。此外，在专利方面，平安科技还布局了许多与生物识别相关的技术专利，包括基于情绪识别的语音质检方法和身份鉴定方法等。这些创新和技术实力使平安科技在智慧金融领域脱颖而出，为行业发展带来了新的活力和动力。

9.4.3 智慧金融领域 AI 专利的典型应用

1. 百度智慧金融解决方案（见图 99）

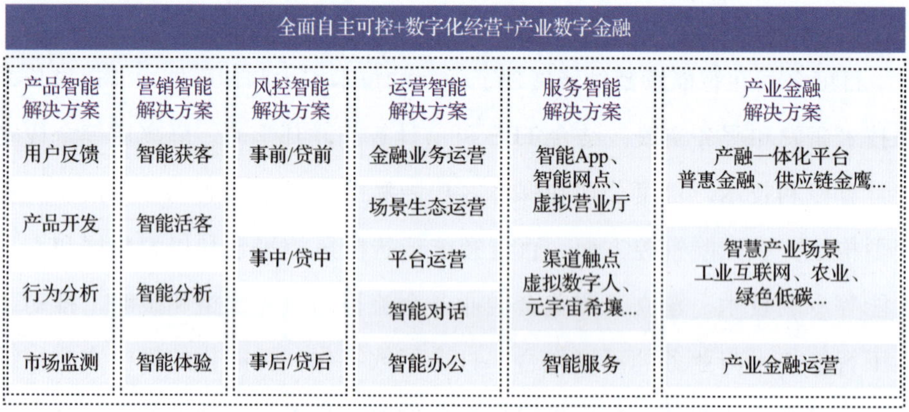

全面自主可控+数字化经营+产业数字金融					
产品智能解决方案	营销智能解决方案	风控智能解决方案	运营智能解决方案	服务智能解决方案	产业金融解决方案
用户反馈	智能获客	事前/贷前	金融业务运营 场景生态运营	智能App、智能网点、虚拟营业厅	产融一体化平台 普惠金融、供应链金鹰…
产品开发	智能活客	事中/贷中	平台运营	渠道触点 虚拟数字人、 元宇宙希壤…	智慧产业场景 工业互联网、农业、 绿色低碳…
行为分析	智能分析		智能对话		
市场监测	智能体验	事后/贷后	智能办公	智能服务	产业金融运营

图99　百度智慧金融解决方案（来源：百度智能云网站）

金融行业一直是人工智能发展和应用的重要领域，其拥有丰富的数据资源和多元的应用场景。百度公司基于其云智一体的战略理念，为金融机构提供了涵盖包括"云智基座""数智经营""产融智合"三大方向的整体解决方案。在某银行的"开放银行"项目中，百度公司将原本分散、缺乏理解和挖掘、难以复用的数据转化为信息、知识和智慧，实现了业务智慧的回流沉淀，从而支持了金融行业丰富的业务场景。

互联网银行作为金融行业与人工智能等新一代信息技术融合的典范，在某互联网银行建立云上银行的过程中，百度公司自研的分布式关系型数据库GaiaDB-X能够支持银行核心系统高并发业务场景和外围系统正常运行。通过构建大数据平台的基础设施，对数据获取、模型建设和数据质量管控进行统一管理，为市场分析、营销活动和管理决策提供了重要的决策支持，为金融行业的IT发展提供了借鉴。

此外，百度公司和一家综合支付与信息服务机构合作，协助其完成从传统的IT架构向云平台迁移。该云平台采用了基于分布式架构的私有云系统，提供了专有云PaaS解决方案。此举成功地替换了某国外厂商数据库，实现了向国产数据库的平稳迁移，为该机构的核心系统全面上云提供了支持。

截至目前，百度公司在智慧金融领域拥有5000余件AI专利申请，是该领域专利申请数量排名第一的创新主体。这些专利涵盖了从基础技术的专利（如神经网络模型压缩方法、机器学习模型生成方法、知识表示学习方法）到上层应用的专利(如个人信用数据处理方法、征信模型的建立方法、人脸识别模型生成方法等)。通过自主创新，百度公司不仅满足了金融业务场景的数字化与智能化转型需求，还加速了金融产业的智能化升级。

2. 平安科技金融壹账通解决方案（见图100）

金融壹账通是平安科技面向金融机构打造的一款商业科技云服务平台，利用人工智能、区块链、大数据等技术，全面覆盖了营销获客、风险管理和客户服务等全流程服务。其中，金融壹账通承建的"普惠金融人工智能开放平台"荣获了"吴文俊人工智能科学技术奖"中的科技进步奖（企业创新工程项目）。该平台以四个核心算法引擎为驱动，包括多模态情绪理解引擎、OCR识别引擎、文本处理引擎和对话语义理解引擎。这些引擎覆盖了读懂人的微表情、语音情绪、对话文本情绪、图片文字信息等能力，为金融机构提供了技术与业务相结合的解决方案，从而提升了效率和服务水平，降低了成本和风险，助力数字化转型。

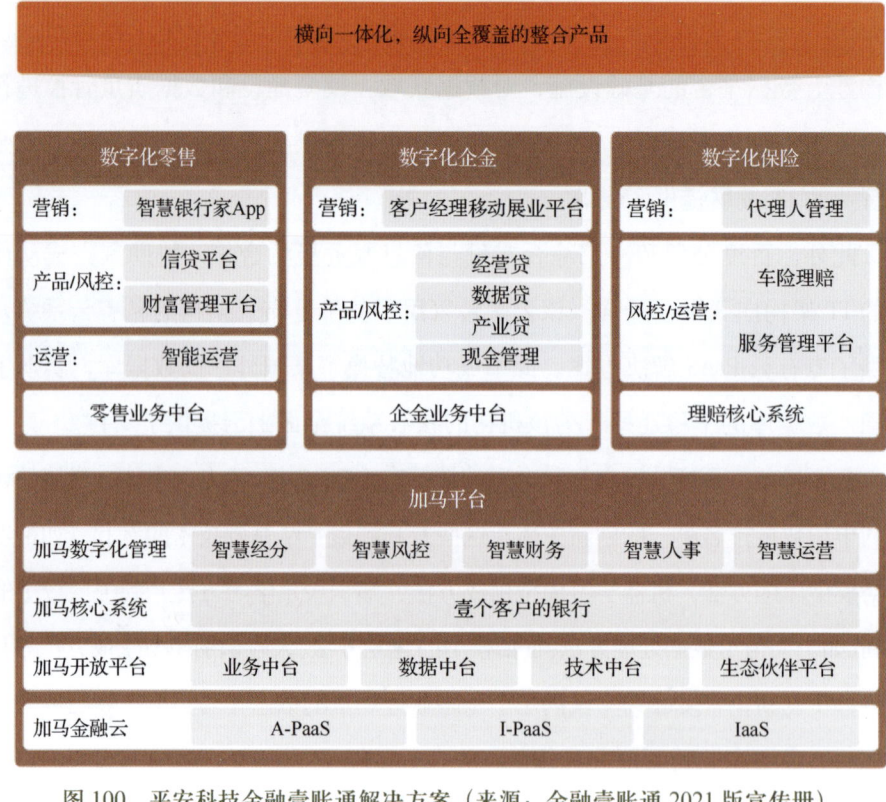

图100　平安科技金融壹账通解决方案（来源：金融壹账通2021版宣传册）

　　尽管平安科技在智慧金融领域的专利创新起步较晚，但自2017年起，其AI专利申请呈现指数增长的态势。截至目前，其AI专利申请数量达5000余件，仅略低于排名第一的百度公司。这些专利涵盖了从预测模型训练、批量数据处理方法、数据处理模型生成方法等底层技术，到表情识别、票据信息识别、智能机器人客服方法等上层应用专利，构建了较为完备的专利保护体系。这表明平安科技在智慧金融领域一直在持续进行创新和专利布局。

9.5 AI 引领智慧工业数字化新生态

我国作为一个工业大国，已经在全球产业发展中占据重要地位。随着新一轮科技革命的深入推进，工业数字化转型进入了快速发展期，为制造业的高质量发展提供了关键支撑。这一发展势头为提升产业链和供应链能力提供了重要机遇。在这一时期，我国应抓住机遇，引领万物智联的时代，开启万物智联的"智慧工业互联网系统——工业互联网 2.0"新阶段。通过这一转变，我们将实现从工业大国向工业强国的转型，进一步提升我国在全球工业领域的地位。

9.5.1 优质专利布局促进工业知识产权转化应用

截至 2023 年年底，我国在智慧工业领域申请 AI 专利超过 65 万件，其中发明专利占比约为 86%。智慧工业领域的研究重点涵盖计算机视觉、自然语言处理和深度学习等关键技术。其中，深度学习技术方面的专利申请数量最多，计算机视觉和自然语言处理则分别位列第二和第三。从图 101 中可以看出，百度公司以近 9000 件专利位居第一，国家电网位居第二。这表明它们在智慧工业领域具有强大的创新活力和一定的技术优势。值得一提的是，其他创新主体的专利申请数量差距不大，这显示了它们在智慧工业领域的竞争激烈程度和发展潜力。值得注意的是，前十名创新主体中有两家高校和一家科研院所，这说明智慧工业在产业端越来越注重知识产权的转化应用。

单位：件

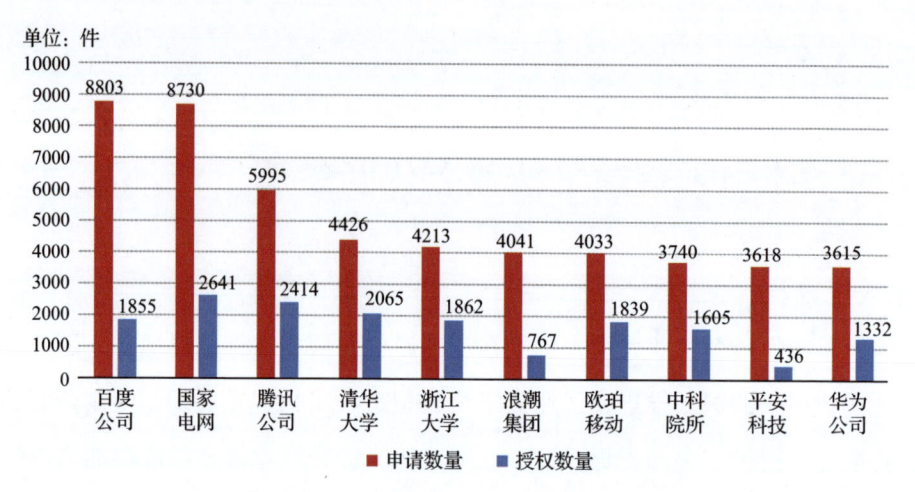

公司	申请数量	授权数量
百度公司	8803	1855
国家电网	8730	2641
腾讯公司	5995	2414
清华大学	4426	2065
浙江大学	4213	1862
浪潮集团	4041	767
欧珀移动	4033	1839
中科院所	3740	1605
平安科技	3618	436
华为公司	3615	1332

图 101　我国智慧工业领域 AI 专利申请数量和授权数量排名

9.5.2　多主体发力共建智慧工业发展良性生态

对我国智慧工业领域的主要创新主体进行 AI 高价值专利及其创新驱动力评价，得到的排名情况如图 102 所示。

序号	公司	得分
1	百度公司	91.77
2	腾讯公司	91.54
3	国家电网	90.03
4	清华大学	89.99
5	浪潮集团	89.85
6	欧珀移动	88.10
7	中科院所	88.07
8	华为公司	88.05
9	平安科技	87.93
10	浙江大学	86.52

图 102　我国智慧工业领域主要创新主体的 AI 高价值专利及其创新驱动力排名

从图 102 中可以看出，百度公司在智慧工业领域的综合得分最高。这一成就得益于百度公司早期对智慧工业领域的重视以及持续投入大量研发资源的策略。腾讯公司排名第二，作为成立较早的"数字原生"企业之一，于 2017 年提出的"工业制造业是数字经济的主战场"，显示出了其对智慧工业的重视。国家电网以其较大的体量和人员数量优势，迅速崛起并跻身第三位。清华大学则凭借其优质的人才和强大的科研能力，展现出强劲的发展潜力。总体而言，前十名创新主体中有六家私企、一家国企、两家高校和一家科研院所。这反映出社会各界对智慧工业的高质量发展充满了浓厚兴趣，同时也展现出智慧工业未来的广阔发展前景。

9.5.3 智慧工业领域 AI 专利的典型应用

1. 百度智慧工业（见图 103）

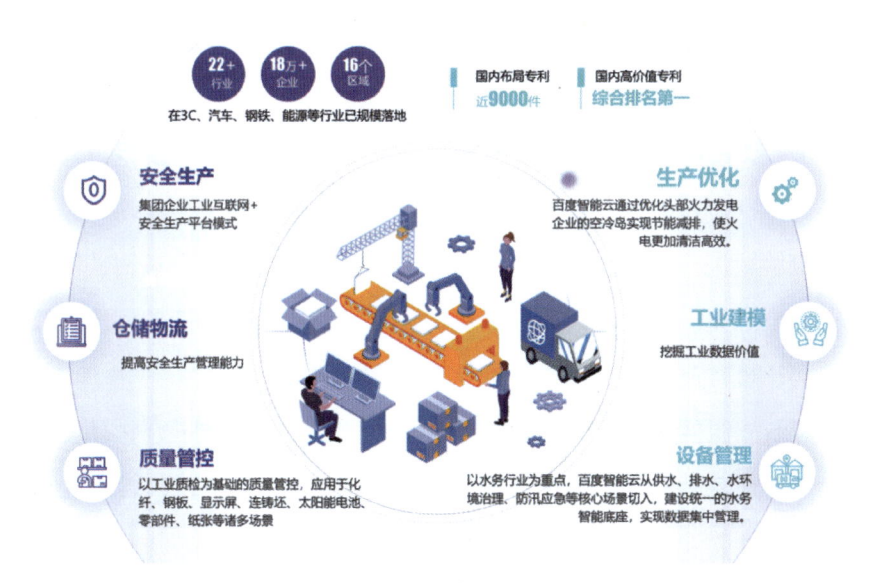

图 103 百度智慧工业

在龙源电力集团，坐在北京的监控中心就能轻松管理2300多千米外的广东风电场。AI风机巡检可以代替电力工人冲在一线最危险的地方，提高巡检效率10倍。除了清洁能源，百度智能云也能让火电变得更加高效、清洁，通过优化头部火力发电企业的空冷岛，每生产1度电降低1.55克标准煤能耗，全国折算，每年碳减排潜力达600万吨。

在用能端，百度智能云与国家电投集团河北电力有限公司合作，实施石家庄城市社区供暖系统的智能化改造，给供热系统加装智慧平台，实现智能化管理和调度，改变了过去供暖冷热不均的现象，帮助整个石家庄城市热网节能20%。

在广州市白云区，百度智能云从供水、排水、水环境治理、防汛应急等核心场景切入，建设统一的水务智能底座，实现数据集中管理。并在智能底座上沉淀水务行业知识，为水务场景做智能决策，成为白云区的AI大禹，治理城市水务。

智能质检在工业互联网应用中扮演着重要角色。在2022年的百度世界大会上，百度智能云展示了与恒逸化纤的合作成果，将化纤产品质检时间缩短到仅2.5秒，这项创新让原本繁重的工作变得更高效，同时也赋予了工人新的角色——数据标注师。根据全球权威咨询机构IDC发布的《2021中国AI赋能的工业质检解决方案市场分析》显示，2021年中国工业质检市场规模达1.42亿美元，而百度智能云以14.6%的市场份额继续保持领先地位。百度在智能质检领域进行了广泛的专利布局，覆盖了多个行业，包括钢铁制造、轻工业、电子产业、新能源产业和机械制造业，服务客户包括首钢、宝武、恒逸和一汽等知名企业。

针对新能源挑战，国网山东枣庄供电公司与百度智能云合作开发了高精度母线负荷预测系统，以解决分布式光伏并网后带来的高随机性和波动性问题。该系统覆盖了34条母线，整体预测准确率高达98.2%，工作人员使用该系统进行预测的效率提升了5倍以上，有效降低了清洁能源对电网的影响，确保了电网的安全运行。

百度公司在智慧工业领域申请了近 9000 件 AI 专利。其开发的开物平台入选工业和信息化部评选的新一代信息技术与制造业融合发展试点示范项目，并且在工业和信息化部发布的《2022 年新增跨行业跨领域工业互联网平台清单》中名列榜首。百度智能云开物工业互联网平台以"AI+工业互联网"为特色，已在多个区域深度落地，并与 300 多家企业合作，为超过 18 万家工业企业提供服务，推动了产业数字化转型和智能化升级。

举例来说，百度公司公开的监控电力设备方法专利展示了其在边缘计算和流式计算技术方面的创新应用。通过这项专利，保证了监控数据的实时性和准确性，从而为电力系统的安全运行提供了有力支持。

2. 华为智慧工业（见图 104）

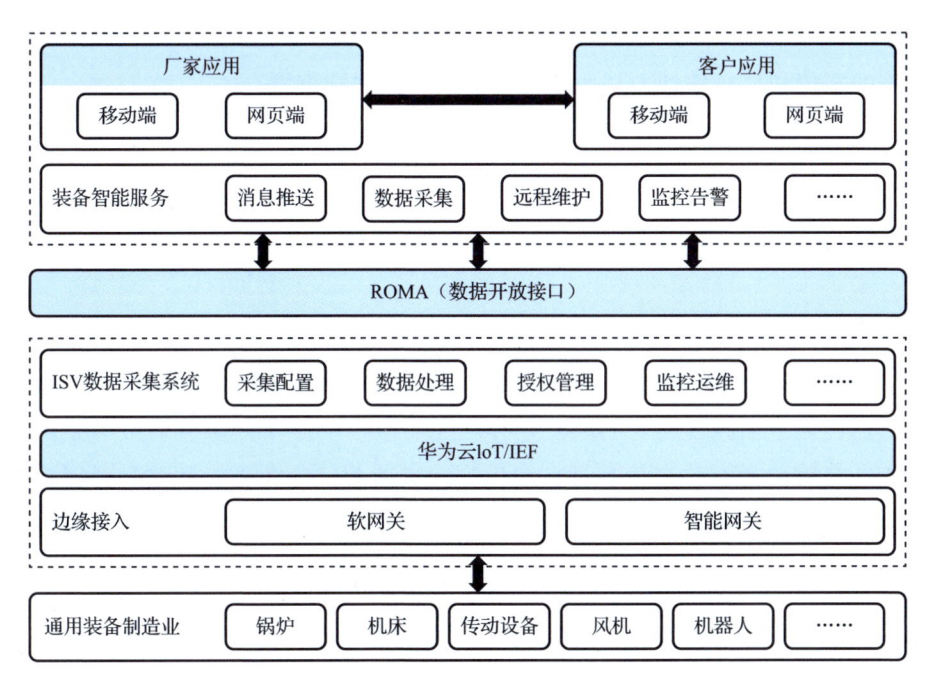

图 104 华为智慧工业（来源：华为官网）

华为公司在松山湖部署的生产线智能质检系统采用机器视觉实时进行质量检测。其中，加速卡为生产线边缘计算提供了低功耗超强算力和解码能力。系统通过多路高清工业图像对采集的视频数据进行毫秒级实时分析，实现了对铭牌遗漏、错误、螺钉缺失等问题的在线检测。通过云边协同的方式，系统可以在云端对制造过程中产生的数据进行优化训练，并自动推送优化后的模型到各生产环节，从而更好地提升生产效率。

在智慧工业领域，华为公司已经布局了近 4000 件 AI 专利，涵盖了神经网络、图像处理、特征信息提取、图像传感器等多个关键技术。这些专利技术为智慧工业的发展提供了强大支持，为企业的发展注入了新的动能。

智能质检作为智慧工业应用的一大典型场景，华为公司拥有一项公开的工业缺陷识别方法的专利。该方法首先从待识别图像中提取目标区域，然后从目标区域中获得包含工业缺陷的缺陷粗选区域。通过两次区域提取，不仅可以提高小尺寸工业缺陷的检出概率，还能对缺陷类型进行识别、进行工业缺陷的定位和尺寸估计，从而丰富工业缺陷的识别维度。

9.6　AI 成为智慧教育新模式标配

我国教育信息化起步较晚，但近年来，在国家政策和市场需求的双重推动下，我国的教育信息化基础环境得到明显改善。随着人工智能等关键技术在教育领域的广泛应用，我国的教育信息化逐渐从网络化、数字化向智慧化过渡，教育智能化的特征也越来越显著。2022 年 1 月，国务院发布了《"十四五"数字经济发展规划》，提出了进一步深入推进智慧教育的重要目标。据相关数据显示，2022 年我国智慧教育行业规模增长至 3159 亿元。其中，在线教育规模达到 1202 亿元，智慧校园规模达到 732.5 亿元，而智慧教室及其他部分则为 1224.5 亿元。预计我国的智慧教育市场规模仍将保持增长态势。

9.6.1　AI 关键技术支撑教育信息化发展

截至 2023 年年底，我国在智慧教育领域申请 AI 专利将近 2 万件，其中发明专利占比达到 90% 以上。对于智慧教育领域，其主要依托的 AI 技术包括计算机视觉、知识图谱、深度学习、自然语言处理和智能语音等。计算机视觉技术在智慧教育领域有着广泛的应用，如在智能教室中，能够自动分析学生的面部表情，帮助教师了解学生的学习状态与专注程度。对于知识图谱，基于所构建的教育知识图谱，智能化教育系统可以自动解答学生所提出的学科知识问题，并进行个性化、精准化的教学资源与课程推荐。深度学习可以实现学业成绩的预测以及对可能的学习困难进行分析。此外，应用自然语言处理和智能语音技术的短文自动评分系统在语言考试中使用多年，并被不断改进以接近人类评分水平。

从图 105 中可以看出，排名前十的创新主体与其他几个应用场景的创新主体差异较大，如好未来教育、小天才、松鼠课堂等专注于智能教育领域的企业榜上有名，并且排名靠前。好未来教育在专利申请数量和授权数量方面均位列第一，可见其在智慧教育领域保持着较强的技术创新活力和实力。科大讯飞在智慧教育领域深耕多年，早在 2006 年就开始在应用智能语音技术的语言测试方法领域进行专利布局，并且近十年创新活跃度不减。华中师范在智慧教育方面同样表现不俗，是跻身前十的仅有的高校创新主体之一，其自 2016 年起，在学习疲劳识别、学习兴趣智能分析、课堂学习状态监测等方面均有专利布局。

单位：件

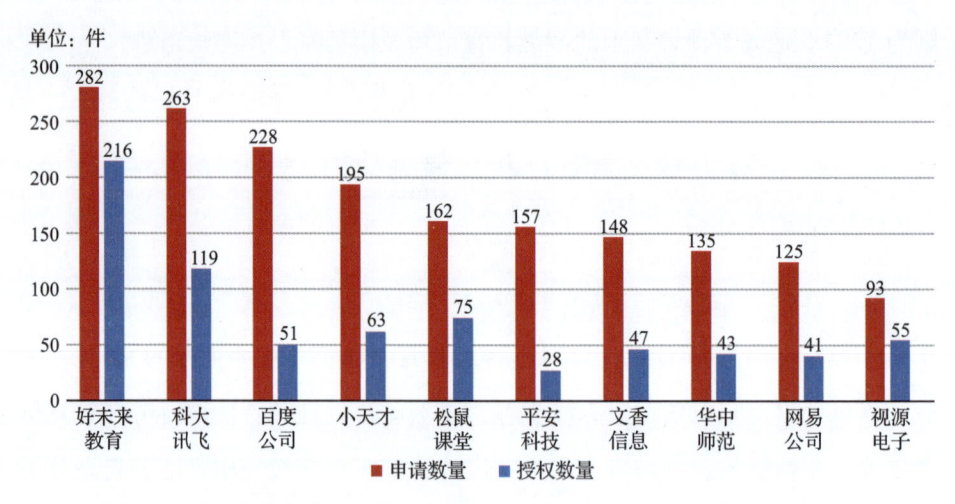

公司	申请数量	授权数量
好未来教育	282	216
科大讯飞	263	119
百度公司	228	51
小天才	195	63
松鼠课堂	162	75
平安科技	157	28
文香信息	148	47
华中师范	135	43
网易公司	125	41
视源电子	93	55

图 105　我国智慧教育领域前十创新主体 AI 专利申请数量和授权数量排名

9.6.2　AI 创新成为教育变革重要动力

从图 106 中可以看出，排名第一的好未来教育作为智慧教育内容资源提供商，主要面向不同学段、不同学科打造多样化的音视频、数字教材等内容，并且提供运营平台进行支撑。好未来教育在智慧教育领域拥有极高的有效专利占比，为高价值专利的培育提供了重要条件，其在"判题方法、装置、设备及存储介质""语音评测方法及计算机存储介质""相似度评估方法、答案搜索方法、装置、设备及存储介质""试卷生成方法、装置、电子设备及计算机可读存储介质"等多个智慧教育应用场景中都布局了 AI 专利。

松鼠课堂是国内首家将人工智能自适应学习技术引入 K12 中小学教育领域的先行者，其开发的人工智能自适应学习引擎以高级算法为核心，创造了可自动授课的智能虚拟老师。例如，其所拥有的"智能虚拟教师形象人格化方法"专利，提供了一种智能虚拟教师形象人格化的方法。这一方法通过在虚拟课程教学过程中收集目标学习者与虚拟教师的互动动作信息和互动声音信息，确定目标学习者当前的学习状态。然后根据这一状态调整虚拟教师在教学过程中的参数，以改变虚拟教师固化和机械的形象，实现虚拟教师的形象人格化。这一方法最终提升了虚拟课程教学的体验性。

序号	公司	得分
1	好未来教育	90.98
2	科大讯飞	90.39
3	百度公司	90.36
4	小天才	89.67
5	松鼠课堂	89.55
6	华中师范	88.46
7	文香信息	87.69
8	网易公司	87.66
9	平安科技	87.52
10	视源电子	87.47

图 106 我国智慧教育领域主要创新主体的 AI 高价值专利及其创新驱动力排名

9.6.3 智慧教育领域 AI 专利的典型应用

1. 科大讯飞

科大讯飞全资子公司山东科讯信息科技有限公司在青岛西海岸新区实施的"因材施教"人工智能+教育创新应用示范区项目（见图107），通过运用大数据、人工智能等技术，实现了课堂教学、学情分析、评价监测、教育管理等各方面的教育数据"伴随式收集"和互通共享。这一项目的推行解决了传统班级授课制难以实现精准化教学、题海战术下无法实现学习增效等难题，重塑了教育治理机制，形成网络化、数字化、智能化、个性化的教育体系。

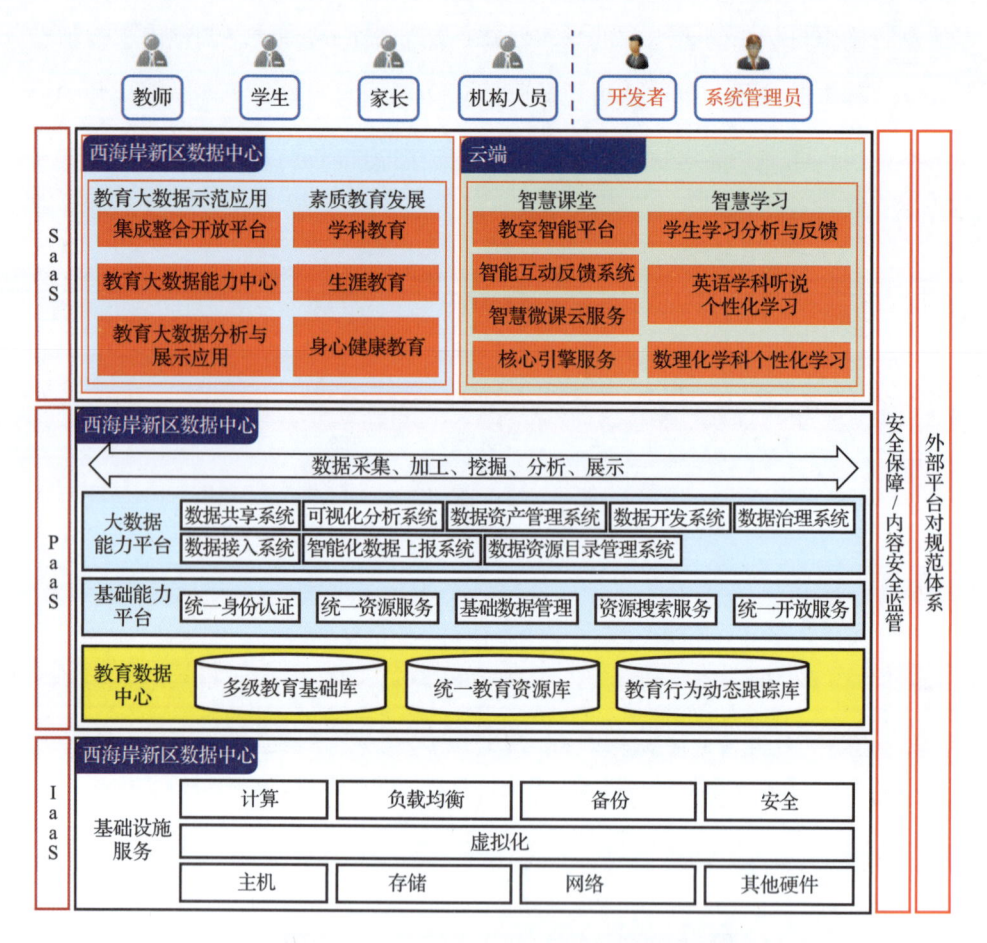

图107 "因材施教"人工智能＋教育创新示范案例总体技术架构设计图

(来源：智慧教育发展及产业图谱研究报告)

科大讯飞在过去几十年里专注于智慧教育，积累了大量核心专利。从2006年的首个涉及"运用计算机进行普通话水平测试和指导学习的方法"专利开始，到现在，科大讯飞已经拥有263件AI专利，涵盖了学生专注度监测、语病修正推荐方法及系统、薄弱知识点的识别方法、学习路径的规划方法、智能阅卷等多个技术分支。这些专利充分利用人工智能技术的创新，促进了因材施教和个性化学习的实现。

例如，在科大讯飞的"用于文字性客观题的智能阅卷方法及系统"专利中，针对传统的自动阅卷系统存在人力资源消耗大、判卷不公平的问题，提出了一种智能阅卷方法及系统。该方法通过对答案图像进行切分，获得切分结果，并与标准答案进行比对及计算置信度，以确定答案是否正确。这一技术实现了文字性客观题的自动阅卷，既减少了人力资源消耗，又提高了阅卷效率和准确性，推动了智慧教育的不断发展。

2. 网易

如图 108 所示，网易云信基于融合通信技术的智慧教育解决方案是一个全面的网络教育服务平台，利用视频云、通信云、AI 平台等技术，提供智慧教务、个性化教育方案、人工智能课堂、智能学习工具等功能。通过基于用户画像的课程推荐和定制、基于知识图谱的个性化教学方案定制，帮助用户提高学习效率和打造个性化学习体验。这一解决方案已经被 50 多家在线教育和线下教育机构采用，覆盖 K12 学科辅助、高等教育、成人教育、素质教育、智能硬件等细分市场，涵盖了小班课、大班课、1V1 等各种教学场景，用户数量超过 1000 万。

网易在智慧教育领域拥有 80 余件 AI 专利，并自 2018 年起加速了在该领域的专利布局。这些专利涵盖了语音合成方法、回答方法及装置、评测 OCR 系统性能的方法、互动教学中的多媒体数据展示方法及相关设备等多个技术分支。其中，"一种教育方法、设备和系统"专利针对远程教育中存在的问题进行了优化。传统远程教育中，学生的答题结果通常只能以最终答题结果的形式发送给老师，导致老师难以获取学生在答题过程中的真正思路，影响教学效率。该专利通过获取学生在具有图案信息的物理介质页面上书写时产生的移动轨迹信息，将其发送给审阅者，使审阅者能够对轨迹信息进行回放。通过重现学生的书写过程，审阅者能够更准确地了解学生解题的思路，从而有针对性地进行教学，提高教学效率。这一技术创新有助于提升教学质量，使教育更加个性化和高效化。

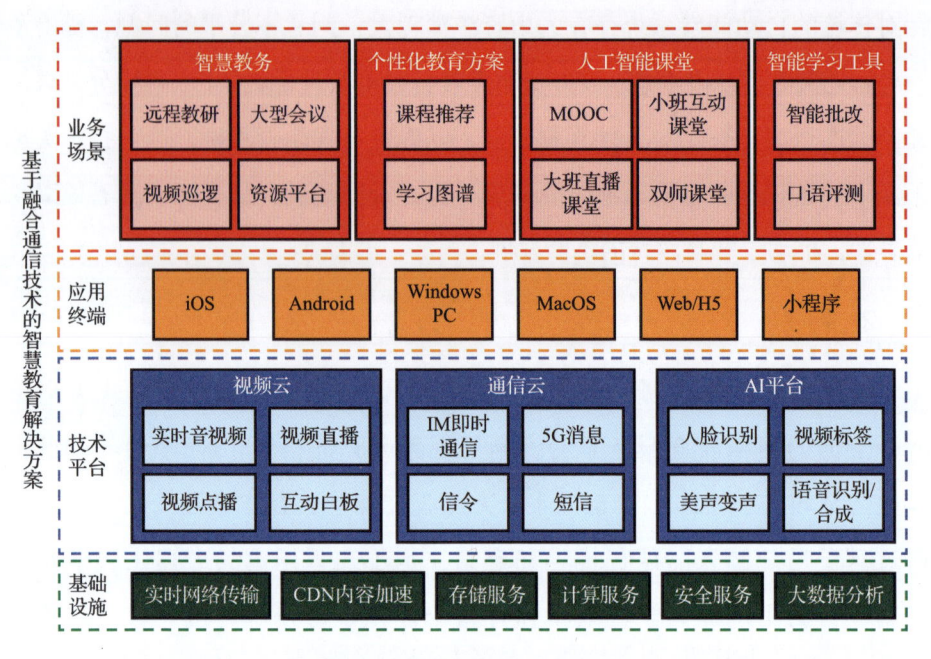

图108 基于融合通信技术的智慧教育解决方案架构图

（来源：智慧教育发展及产业图谱研究报告）

9.7 AI 在智慧农业中的产品服务初步涌现

智慧农业是指将人工智能、大数据等技术与农业相结合，实现农业生产全过程智能控制的新型农业生产方式。这代表了农业信息化发展的高级阶段，对解决"三农"问题、实现国家粮食安全、推进乡村振兴具有重要意义。在国外，一些国家已经制定了诸如 NSTC"国家人工智能研发战略计划"、产业战略白皮书等发展计划，重点围绕智慧农业 AI 专利进行广泛布局。相比之下，我国智慧农业起步较晚，目前处于发展初期，但未来发展前景仍然十分广阔。

9.7.1　知识产权优势推动 AI 技术强农助农

智慧农业主要涉及的技术包括智能云、大数据、计算机视觉和深度学习等。这些技术在智慧农业领域得到广泛应用，使农民能够通过手机移动端随时了解育苗情况、施肥处方等信息。此外，结合卫星遥感数据和精准的天气预测，农民可以实现在线巡田、环境预警、植保等农业活动，从而大幅提升生产种植过程中的精确性和效率。

截至 2023 年年底，我国在智慧农业领域申请 AI 专利超过 6.7 万件，其中发明专利占比超过 90%。

从图 109 中可以看出，在我国智慧农业领域，浙江大学以其创立的智慧农业创新发展研究中心为基础，在专利申请数量和授权数量上名列前茅，凸显了其对智慧农业科研的高度重视。其次，腾讯公司、百度公司、中国农业大学（中国农大）、中科院所等分别位居前列，整体申请数量相差不大。然而，在专利授权数量方面，中科院所表现突出，领先其他创新主体。总体来看，智慧农业领域的前十名创新主体涵盖了三家高校、六家企业和一家科研院所，

创新主体	申请数量	授权数量
浙江大学	589	263
腾讯公司	552	187
百度公司	544	169
中国农大	531	126
中科院所	514	233
电科	385	147
阿里巴巴	288	53
华为公司	263	77
浪潮集团	227	40
京东公司	98	14

单位：件

图 109　我国智慧农业领域前十创新主体 AI 专利申请数量和授权数量排名

展示了产学研联合发力的态势。

9.7.2 高价值专利开启乡村振兴新篇章

对我国智慧农业领域的主要创新主体进行 AI 高价值专利及其创新驱动力评价，得到的排名情况如图 110 所示。

序号	公司	得分
1	华为公司	92.01
2	腾讯公司	91.92
3	阿里巴巴	91.50
4	京东公司	91.38
5	百度公司	90.64
6	浪潮集团	90.35
7	中国农大	90.34
8	浙江大学	89.59
9	电科	89.53
10	中科院所	89.25

图 110 我国智慧农业领域主要创新主体的 AI 高价值专利及其创新驱动力排名

从图 110 中可以看出，华为公司名列第一，这显示了其在智慧农业领域的领先地位。京东公司作为早期涉足智慧农业领域的企业之一，位居第四名。总体来看，前十名创新主体中有六家科技企业、三家高校和一家科研院所，这表明智慧农业的高质量发展引起了社会各界的广泛关注。这种关注将进一步促进智慧农业的快速发展。

9.7.3 智慧农业领域 AI 专利的典型应用

1. 阿里巴巴

在响应国家智慧农业战略的号召下，面对农业数字化、智能化这项大工程，阿里巴巴与特驱合作，共同推出了 AI 智慧养猪第一代产品。这一产品采用了"人工智能＋物联网＋智能云"一体化智能技术，旨在覆盖每头猪的全生命周期。通过智能监控种母猪的全生产过程，该系统实现了数据自动采集、生产智能排程、疾病高效监控及预警、各项指标动态分析等功能。这些功能共同构建了生猪养殖过程全生命周期管理的业务体系，全方位解决了生猪养殖过程中的饲养和疾控管理问题。据报道，这一系统成功地使猪的死亡率降低 10%，资产利用率达到 95% 以上，人工效率提升 40%，实现了种猪 PSY 和企业利润的双增益。

除了与特驱的合作，阿里巴巴在智慧农业领域的布局还体现在专利方面。据悉，阿里巴巴布局了近 300 件 AI 专利，涵盖了智能云、大数据、计算机视觉、深度学习等多个技术分支。这些专利涉及数智乡村、数智农场等多个应用场景，为智慧乡村建设和乡村振兴发展提供了人工智能解决方案。其中，阿里巴巴公开的养殖场动物监管系统及养殖场动物的定位方法专利，提供了一种通过智能化手段对动物状态进行精准的监测，为养殖场的管理提供了更为高效和智能的解决方案。

2. 百度智慧农业（见图 111）

2021 年 7 月，为促进设施蔬菜产业发展，百度智能云与山东物泽生态农业科技发展有限公司开展合作，共同打造了"设施蔬菜智脑"及蔬菜智慧种植平台。该平台在蔬菜种植过程中，通过辅以各类传感器、摄像头、探测仪等物联网设备，实现了设施农业的规模化生产、集约化管理、机械化提升、信息化辅助。相比传统农业碎片化的人工劳作，效率提升了 50% 以上。山东寿光的"设施蔬菜智脑"是百度智能云深入实体经济转型的落地成果利用，以智能云为基础，以人工智能为引擎，将数据智能技术深入应用，赋能寿光设施蔬菜的标准化、数智化发展，提升农业智能化水平。

图 111　百度智慧农业

作为智慧农业领域的强有力竞争者，百度公司已经布局了 500 余件 AI 专利，其中包括植物生长重量预测方法、模型训练方法及装置。这些专利将深度学习技术与农业相结合，通过利用环境参数和植物本身数据作为初始状态，进而将第二时间的植物生长情况和环境数据作为预测层，从而实现对植物生长较为准确的预测。这一技术可以使种植人员对作物生长情况做出更为准确的判断，为农业生产提供了更可靠的数据支持。

第 10 章 新兴人工智能技术应用

10.1 元宇宙：开辟数字经济发展新赛道

元宇宙（Metaverse）是人类利用数字技术构建的虚拟世界。它超越了现实世界的限制，可与现实世界进行交互，形成了具备新型社会体系的数字生活空间。元宇宙整合了众多现有技术，在扩展现实、区块链、智能云、数字孪生等新技术的支持下得以具体实现。

作为未来虚拟世界和现实社会交互的重要平台，元宇宙代表着数字经济的新形态，具有巨大的发展潜力。其重要价值已引起世界各国的高度重视。例如，韩国政府推出了《元宇宙新产业领先战略》，旨在到 2026 年将元宇宙全球市场占有率提升至第五位。日本经济产业省也发布了《关于虚拟空间行业未来可能性与课题的调查报告》，将元宇宙定义为"在一个特定的虚拟空间内，各领域的生产者向消费者提供各种服务和内容"。

在我国，工业和信息化部提出了培育一批进军元宇宙、区块链、人工智能等新兴领域的创新型中小企业的计划。同时，诸多城市如上海、北京、深圳、广州、成都、杭州、无锡、合肥等，已将元宇宙纳入了信息技术产业发展"十四五"规划，并制定了相关扶持和培育政策，以促进该领域的发展。

10.1.1 元宇宙行业发展趋势

自 2001 年起，我国在元宇宙领域的专利申请数量已超过 2 万件。2001 年至 2010 年被视为元宇宙探索期，期间逐步探索元宇宙雏形的实现方式，*Second Life* 成为首个引发广泛关注的元宇宙虚拟世界，"元宇宙第一股"Roblox 元宇宙也在此时期创立。

2011 年至 2020 年则标志着元宇宙的发展起步阶段，特别是 2016 年后，随着增强现实技术的突破，元宇宙技术相关研究范围更加广泛，专利申请数量迅速增加。互联网巨头开始布局元宇宙相关概念，元宇宙虚拟现实设备成为投资的热门，掀起了第一波投资热潮。然而，2017 年至 2020 年，虚拟现实产业的实际落地进展未能达到预期，行业进入了技术积累与蛰伏阶段。在此阶段，产业中的主要创新主体开始大量布局与元宇宙相关的专利。

元宇宙的概念在 2021 年上半年被明确提出，进入了大众视野。元宇宙整合了多种信息技术，展现了丰富的应用场景，并孕育着广阔的市场空间，因此引起了企业、投资者、研究机构和媒体等各方的高度关注。从图 112 中可以看出，2017 年至 2020 年，元宇宙相关专利的公开数量均超过 3000 件，其中 2017 年元宇宙领域的专利年度申请数量超过 4000 件，达到目前专利年度申请数量的峰值。考虑到专利申请公开的滞后因素，预计该领域的专利申请数量将继续保持增长态势。

单位：件

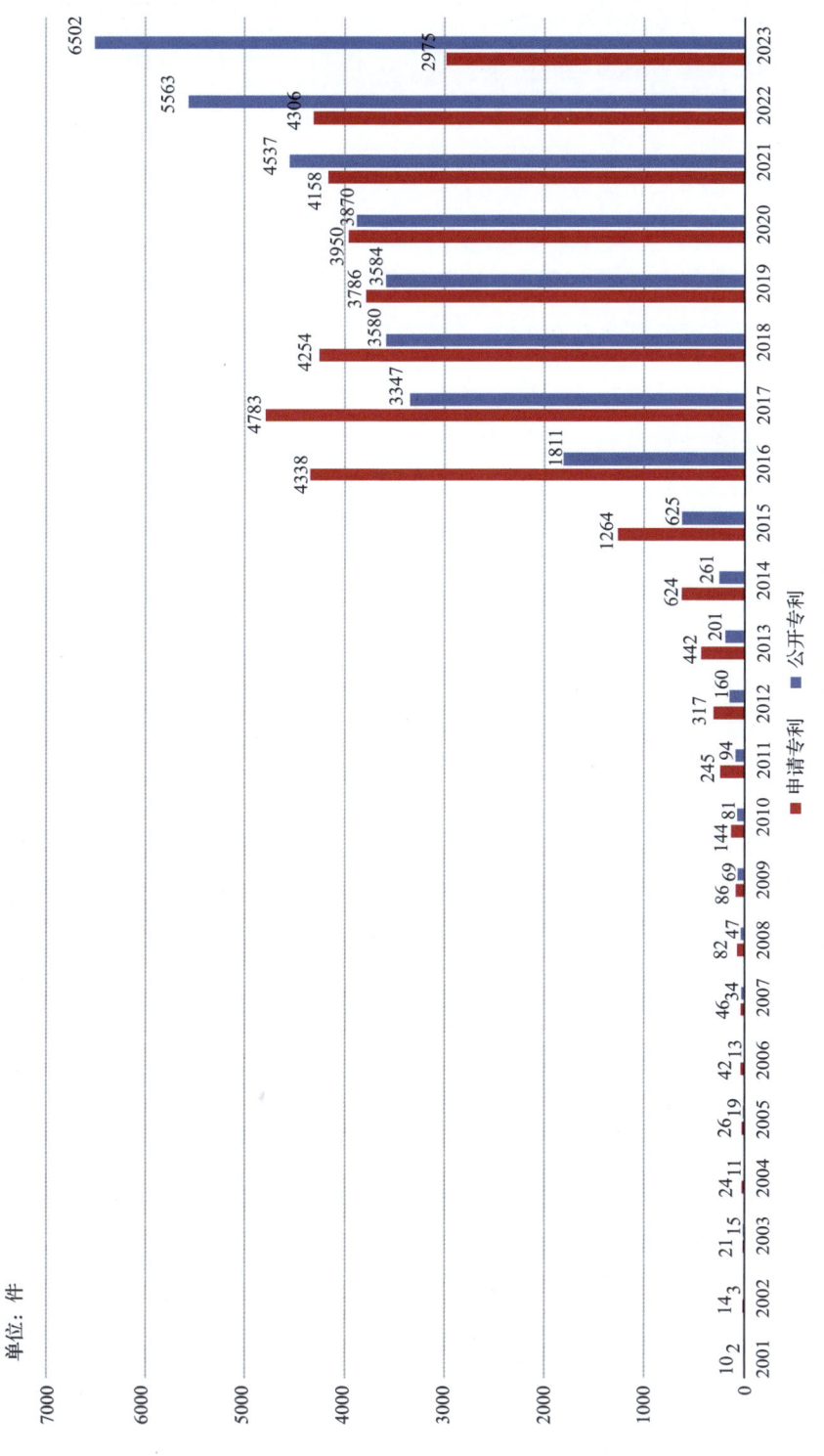

年份	申请专利	公开专利
2001	2	10
2002	3	14
2003	15	21
2004	11	24
2005	19	26
2006	13	42
2007	34	46
2008	47	82
2009	69	86
2010	81	144
2011	94	245
2012	160	317
2013	201	442
2014	261	624
2015	625	1264
2016	4338	1811
2017	4783	3347
2018	4254	3580
2019	3786	3584
2020	3870	3950
2021	4158	4537
2022	4306	5563
2023	2975	6502

图 112　我国元宇宙领域申请专利数量-公开专利数量趋势分析

下篇　中国人工智能产业链专利研究

从图 113 中可以看出，百度公司、京东方、奇跃公司、华为公司是我国元宇宙领域专利申请较活跃的四家企业。在申请趋势方面，这四家企业的发力时间存在一定差异。其中，京东方和奇跃公司在 2018 年至 2019 年期间布局元宇宙专利最多。京东方的专利覆盖范围涉及显示、传感、人工智能、物联网等多个领域，特别在 VR/AR 相关领域，京东方已经申请了近百项技术专利，涵盖了半导体工艺、OLED 器件结构、像素驱动设计、微纳光学、光学整机等方面。百度公司自 2014 年开始布局元宇宙相关专利，其专利申请数量呈现逐年快速增长的趋势。特别值得关注的是，2021 年，百度公司在元宇宙领域的专利申请就超过了 160 件。与此同时，同年，百度发布了首个国产元宇宙产品"希壤"，并正式开放了定向内测。

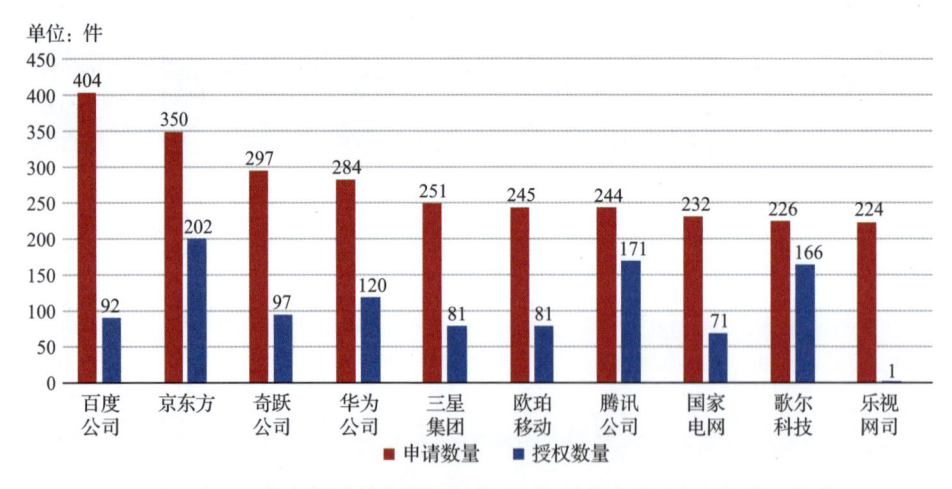

图 113 我国元宇宙领域前十创新主体 AI 专利申请数量和授权数量排名

10.1.2 元宇宙专利技术分析

元宇宙的出现将深刻改变我们与时空互动的方式，为社会和个人带来广阔的发展空间。元宇宙不仅是一个承载人类现实活动的虚拟世界，更是一个拥有沉浸性、实时性和多元化特征的平台。在元宇宙中，个体能够在短期内获得多样化的人生体验。元宇宙的虚拟数字化减少了物理距离的隔阂和通勤的时间成本，从而降低了交通堵塞等传统城市问题对社会整体幸福感的削弱。此外，元宇宙还消除了由物理距离、社会地位等因素造成的社交障碍，为个体实现自我价值提供了更多的可能性。元宇宙对现实中的社交、生活和经济社会系统进行了重构，对硬件、运算等核心能力以及内容创造、服务提升等方面提出了更高的要求。基于这一点，它将改变当前社会经济生态，形成数字经济的新格局。

从图 114 中可以看出，我国元宇宙专利技术呈现出总体增长的趋势，但不同技术分支的增长幅度存在差异。其中，G06F（电子数字数据处理）是近年来增长最为显著的技术分支，特别是在 2016 年至 2020 年期间。另外，G06T（一般的图像数据处理或产生）、G06K 和 G06V（数据识别、数据表示和图像或视频识别或理解）、G02B（光学元件、系统或仪器）自 2015 年以来一直保持相对较高的增长趋势。除此之外，像 H04N（图像通信，如电视）等技术分支也在近年来得到了快速发展。这些数据反映了我国元宇宙技术在不同领域的发展情况，为该领域的未来发展提供了重要参考。

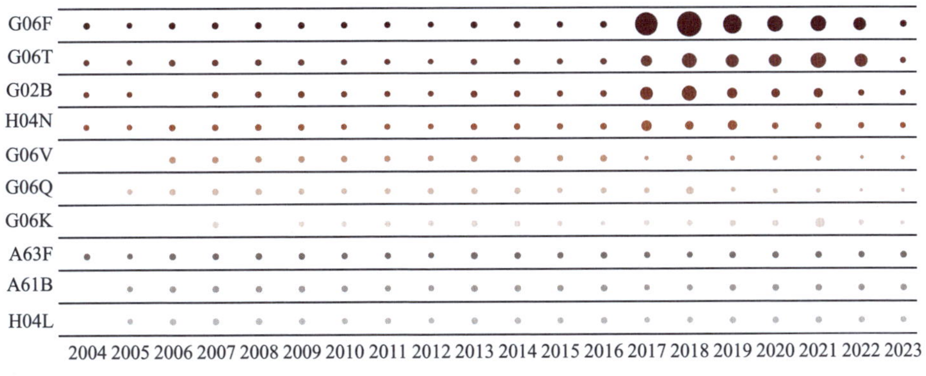

图 114　我国元宇宙专利技术分布趋势

以元宇宙的重点技术——三维感知技术分支为例,通过图 115 可见,百度公司在专利申请方面表现突出,专利申请数量达到了 188 件,排名第二至第五的依次是商汤、京东、阿里巴巴和腾讯。然而,从专利申请数量与授权数量来看,前十名创新主体的专利授权数量明显低于专利申请数量。进一步结合法律状态分析,大部分专利处于审中状态,这表明许多专利仍在审查过程中,尚未得到最终授权。这一情况反映了元宇宙技术的快速发展以及专利申请过程中的一些常见现象。

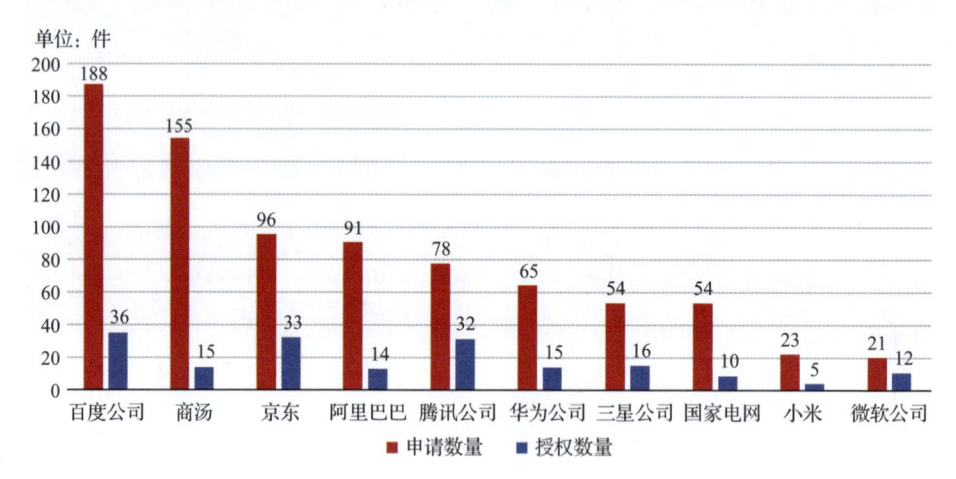

图 115　我国元宇宙三维感知关键技术方向前十创新主体 AI 专利申请数量和授权数量排名

10.1.3　元宇宙核心专利应用

1. 华为公司

华为公司在元宇宙领域的专利布局已超过 250 件,其中涵盖了多项关键技术,如"VR 弹幕播放方法""发送虚拟现实内容的方法""VR 设备的手势操控方法"等。作为元宇宙建设中的关键技术之一,5G 与 VR/AR 等通信和人工智能技术的结合，为实现元宇宙的互动体验奠定了基础。华为公司在这一领域积极进行后端基础设施建设，助力元宇宙的发展和推广。

2022年1月，华为公司与北京首钢园合作推出了"首钢园元宇宙"，用户可以通过华为AR地图体验这一元宇宙。在现实中，首钢园废旧工厂在华为AR技术的支持下与虚拟世界融合，呈现出了科幻工业朋克的景象。用户进入首钢园元宇宙后，可以观赏虚拟墨甲机器人乐队的演出和炫目的虚拟灯光秀，在光怪陆离的灯光和星云之中体验元宇宙的魅力。

在VR技术领域，华为公司也积极进行专利布局，如通过"VR弹幕播放方法"解决了弹幕在视频播放中的表现形式问题，提升了用户的观看体验。新的弹幕系统通过在VR视频上方添加透明弹幕层，摆脱了屏幕限制，使弹幕区域可以比视频本身更大，减少了弹幕高峰时期的压力，提升了视频内容的观赏效果。

2. 百度公司

百度公司推出的希壤是一款元宇宙社交App，其致力于打造跨越虚拟与现实、永久续存的多人互动空间。该应用主要包括虚拟空间定制、全真人机互动、商业拓展平台三大功能，依托人工智能、智能云、区块链等前沿技术，构建了国产元宇宙生态系统。元宇宙的基本特征包括沉浸式体验、虚拟化分身和开放式创造，使用户能够获得身临其境的感官体验，并在数字世界中拥有一个或多个ID身份，通过终端进入数字世界，利用海量资源展开创造活动等。

截至目前，百度公司在元宇宙领域申请专利超过400件，包括"三维场景分割方法""元宇宙数据处理方法""虚拟对象生成方法"等专利。在不同领域，希壤也有着广泛的应用。在政务领域，最高人民法院、海淀区检察院四叶草法治基地在希壤开展普法教育活动；在文化艺术领域，中国传媒大学数字孪生校园、冯唐"色空"艺术展、陈丹青首场元宇宙拍卖先后上线希壤，

Dior、Prada 等品牌也纷纷在希壤举办元宇宙时装秀；在网络安全领域，希壤与奇安信联手打造国内首个元宇宙网络安全大会；在影视动画领域，2022 年首届北京动画周揭幕元宇宙分会场落户百度希壤，北京电影节上线希壤元宇宙；在汽车领域，吉利汽车集团旗下高端品牌领克（Lynk&Co）联合希壤共同打造的"领克乐园"亮相希壤元宇宙平台，同时面向公众开放体验；在建筑领域，2022 年 4 月，中国著名建筑师、MAD 建筑事务所创始人马岩松创作虚拟建筑主体的"Meta ZiWU 元宇宙誌屋"在希壤元宇宙世界亮相。

希壤为各领域主体、商家提供了增值服务，带来了差异化的元宇宙会展价值。在希壤元宇宙世界中，"会议主办者"和"策展方"可以与整个希壤元宇宙世界进行联动，举办实物拍卖、数字藏品发行、元宇宙体验等交互活动，实现虚拟空间与现实世界的连接，为用户营造新的交流平台，提供新的商业机会。

3. 小米

小米在硬件生态方面的布局十分广泛，覆盖了手机、电视、路由器等产品，并通过生态链孵化产品，形成了独特的生态链模式。这种模式构建了手机配件、智能硬件及生活消费产品三层产品矩阵，为消费者提供了丰富的选择。

在元宇宙硬件领域，小米着重布局 XR 硬件。过去几年里，小米和 Oculus 合作推出了高性价比的移动版 VR 一体机 Oculus Go，为用户带来了沉浸式的虚拟现实体验。此外，2021 年 7 月，中国移动咪咕公司联合小米游戏、金山云与蔚领时代等单位发起了立方米计划。该计划旨在推动云游戏产业生态建设和云原生游戏开发，为用户带来更加便捷、流畅的游戏体验。同年 9 月，小米在微博上发布了概念新品小米智能眼镜探索版，进一步拓展了其在 AR/VR 技术领域的产品线。

在 AR/VR 技术领域，小米的专利公开了一种一键式导航购物的方法。该方法通过接收终端发送的目标商品的导航路径获取请求，获取终端和目标商品的位置信息，并根据这些信息生成目标商品的导航路线数据，最后将其发送至终端。这一方法解决了顾客在无法明确目标商品位置时需要耗费时间寻找或依赖人工引导的问题，提高了购物效率。用户只需在手机上输入所需商品，AR 设备即可为其规划最佳路线、提供导航，甚至指引其找到商品的具体位置。这种技术的应用将为消费者带来更便捷、高效的购物体验。

综上所述，随着元宇宙相关技术的发展，元宇宙应用将为产业带来全新变革。元宇宙将全方位渗透到各行各业中，从底部重新塑造新的产业发展模式，指引并全面带动产业的协同发展，进而带来全方位的联动式变革。随着元宇宙应用的不断实现，其赋能实体经济、驱动数字经济的重要作用也越来越多地受到关注。现在，元宇宙所需要的底层技术正在快速成熟，如 5G 的高速率、低时延、大连接等特性作为支持未来应用场景的网络基础；云计算可面向数十亿级用户所带来的海量数据资源，并提供实时动态匹配计算能力、增强现实和虚拟现实技术是打造沉浸式用户体验的重要交互方式。未来，人工智能技术将在数据处理、画面渲染、数字孪生等应用中发挥关键作用。同时，脑机接口、人机协同、边缘计算等前沿技术的发展也在不断拓展"元宇宙"的概念边界。总之，元宇宙将通过依赖各类技术群体叠加组合，构建一个全新的数字世界。

10.2 数字人：生成数字经济发展新动能

数字人是指利用数字技术打造的、模拟人类特征并存在于非物理世界的虚拟人物。近年来，随着 5G、人工智能、虚拟现实等新一代信息技术的蓬勃发展，数字人的精细度和智能化水平不断提升。这一趋势导致了一大批数字人走上不同的工作"岗位"，加速融入人们的日常生活，为数字经济发展提供了新的动能。

10.2.1 数字人行业发展趋势

自 2001 年以来，我国在数字人领域共申请专利近 5000 件。总体而言，专利申请数量呈现出指数型上升趋势，经历了两个发展阶段：萌芽起步期（2001 年至 2015 年）和快速发展期（2016 年后）。随着科技企业的积极布局，我国数字人产业进入了快速发展阶段，专利布局也呈现出逐年攀升的态势。从专利申请数量来看，我国数字人技术仍处于初始爬坡阶段。但在 2016 年之后，在众多需求快速攀升的带动下，数字人技术加速发展。自 2021 年以来，增速明显增强，2023 年专利申请数量达到 1223 件，公开数量达到 1715 件，如图 116 所示。

我国的互联网和人工智能企业正处于引领数字人技术创新的前沿。百度公司、广州虎牙科技有限公司（广州虎牙）、腾讯公司、深圳追一科技有限公司（深圳追一）等企业，在数字人领域展现出了强大的创新力。从图 117 中可以看出，这些企业在数字人领域的专利数申请数量明显领先于其他创新主体。特别是，腾讯公司虽然进入较早，但其专利授权数量领先；百度公司虽然布局较晚，但创新势头迅猛，专利申请数量已升至第一位，显示出明显的领先优势。数字人领域前十名创新主体的专利申请趋势显示，在 2012 年之前，专利申请处于零星状态，此阶段腾讯公司和华为公司有一定量的专利布局。而从 2014 年至今，以百度公司为代表的人工智能企业在数字人领域的专利申请增长迅速，成为主要的研究力量。2016 年，深圳追一科技有限公司和广州虎牙科技有限公司相继成立，并迅速进行了专利申请和布局。到了 2021 年，百度公司、华为公司等也积极在我国数字人领域布局相关专利。企业创新主体的加入预示着该领域产业化和市场化前景的到来。因此，企业的布局策略和研究方向值得持续关注和深入研究。

图 116 我国数字人技术申请专利数量－公开专利数量趋势分析

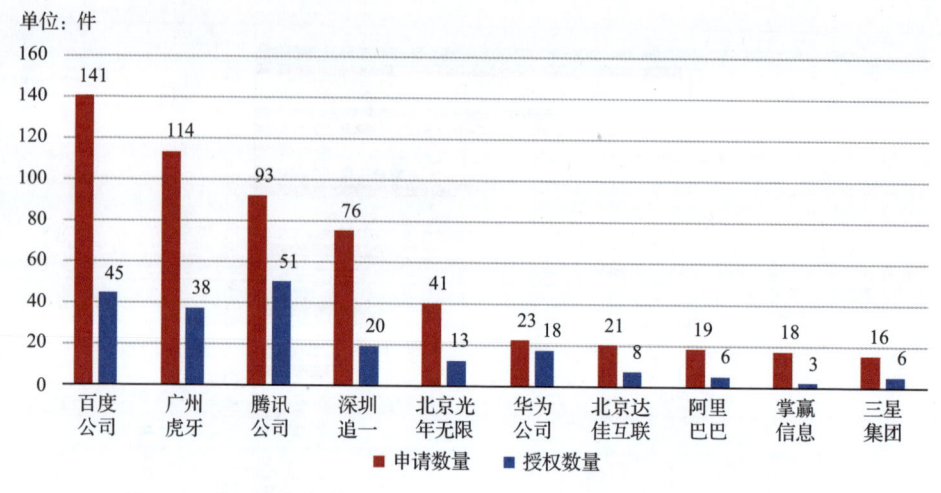

图 117　我国数字人前十创新主体 AI 专利申请数量和授权数量排名

10.2.2　数字人专利技术分析

当前，数字人理论和技术日益成熟，应用范围不断扩大，产业正在逐步形成、不断丰富，相应的商业模式也在持续演进和多元化。

从数字人领域各年度重点技术分支的发展趋势来看，目前，包括虚拟主播、虚拟助手、虚拟偶像、虚拟主持等在内的应用是国内数字人的主要应用场景。从 IPC 分类号分析数字人专利技术的发展变迁，以下两类技术分支发展最为迅猛：以 G06T（一般的图像数据处理或产生）为代表的图像处理技术在 2017 年后发展壮大，成为数字人领域专利申请数量最多的技术分支；其次是以 G06F（电数字数据处理）为代表的数字人机技术，如图 118 所示。进一步分析专利技术分布，数字人领域的专利申请主要集中在 G 部和 H 部，我国数字人技术研究仍处于初级阶段。

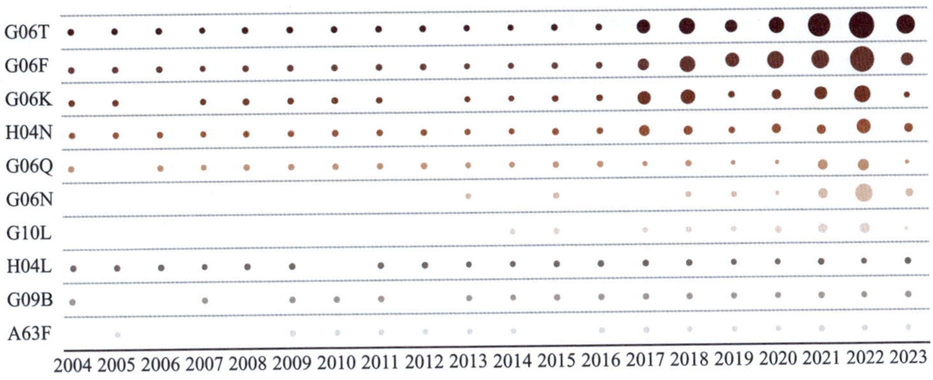

图 118　我国数字人专利技术分布趋势

在数字人领域，百度首席技术官王海峰领导的团队所完成的"知识增强的跨模态语义理解关键技术及应用"荣获了 2020 年度国家技术发明二等奖。该技术通过构建大规模知识图谱，关联跨模态信息，并采用知识增强的自然语言语义表示方法，成功解决了不同模态语义空间融合表示的难题，使机器能够像人一样，通过语言、听觉、视觉等方式获取对真实世界的统一认知，实现对复杂场景的理解。

从形象写实到理解智能，从手工制作到自动生产，整个 AI 数字人的进化历程，可以划分为五个阶段：L1 级，主要以人工制作为主；L2 级，依靠动捕设备采集表情、肢体等动作，如电影动画制作；L3 级，可依靠算法驱动口型、表情和动作，如虚拟化身实时互动；L4 级，实现部分智能化交互，在垂直领域创新服务模式；L5 级，实现完全智能化交互，打造真正的个性化虚拟助手。达到 L4 级别，意味着数字人实现了 AI 仿真动画生成能力与自然语言理解能力的结合。此时的数字人，可通过学习大量真人会话、语气、表情和动作，根据表达内容生成相应神态和全身动作，呈现出栩栩如生的拟人效果。同时，结合 AI 算法在制作流程中的深度融合，制作效率也得到了大幅提升。

10.2.3　数字人核心专利应用

1. 百度公司

数字人能够显著提升应用的交互性，增强智能信息服务的智能化水平。随着人工智能技术的不断突破，数字人的形象、表情、表达正在逐渐比拟真人，应用场景也在持续扩展，使数字人逐渐成为数字世界中的一种重要业务形态。百度公司在数字人领域已申请了 140 余件专利，涵盖数字人驱动和生成方法等多个方面。例如，百度在一件专利申请中描述了一种根据目标语音及其对应的单字特征集合来确定唇动信息的方法，通过这些唇动信息驱动数字人，进一步提升了数字人的唇动驱动效果。

百度公司旗下的数字人度晓晓就是虚拟数字人之一。作为百度 App 的虚拟 AI 助手，度晓晓不仅是国内顶尖艺术院校毕业展的"AI 画家"，还是成功挑战过高考命题作文的"AI 作家"，并且是一个创作歌曲、接广告、发行 MV 的"AI 偶像"。

借助数字人人像生成引擎等技术，百度公司将超写实人像生成效率大幅提高，能一键生成六大风格的超高清人像。另外，针对虚拟偶像的 IP 打造与运营，百度公司推出了数字明星运营平台，在百变妆容系统、虚拟偶像特效库、虚拟偶像玩法库以及主播工作台进行了创新。百度 AI 数字人希加加正是在这一平台下诞生的。

2. 华为公司

华为公司在 2014 年 3 月公开的专利技术方案中定义了数字人模型，其中包括多个维度的用户画像模型。这一模型通过获取特定用户来自多个数据源的多个维度的数据，并基于这些数据对用户画像进行处理，从而生成对应于特定用户的多个维度的用户画像。这些用户画像组成了与特定用户对应的数字人。在 2022 年 6 月，华为云在合作伙伴暨开发者大会上推出了数字内容生产线 MetaStudio，以及全新版的数字人"云笙"，以满足各行业对数字内容生产、协同、融合以及应用的广泛需求。

随着各种数字人应用的不断落地，活动在物理世界中的人类越来越多地融入数字世界中。人们通过社交网络交友、建立朋友圈；通过网络发布个人对社会事件的观点，形成自媒体；通过网络购物获取各种商品与服务；通过网络银行管理个人资产；通过移动终端拍摄照片、视频并分享；通过穿戴式终端监控健康等。总之，数字人整合了各种数据源产生的多维度用户数据，开拓了新的应用场景。

第 11 章 总结与展望

人工智能创新已经迈入全新的历史阶段，专利申请总量已经突破 150 万件，且仍在快速增长。技术人才规模不断扩大，产业融合也在广泛深入，人工智能创新链与产业链的深度融合将为数字经济发展带来新的动力。加强高价值专利的建设对于增强产业升级的驱动力和提升技术创新软实力至关重要，这是推动人工智能高质量发展的关键途径。

11.1 我国人工智能核心专利技术有待突破，布局世界人工智能创新链关键环节

人工智能作为新一轮科技革命和产业变革的重要驱动力量，在支撑科技自立自强、实现高质量发展的战略中扮演着重要角色。党的二十大报告提出了构建新一代信息技术、人工智能、生物技术、新能源、新材料、高端装备、绿色环保等一批新的增长引擎的重要任务。在推动人工智能产业高质量发展

的过程中,源头技术创新和核心专利突破至关重要,否则所有的努力都只是在别人的院子里建大楼。

当前,虽然我国在人工智能领域的专利创新总量位居全球第一,但仍存在结构不合理的问题,即应用层企业数量众多,而基础层及技术层企业相对较少。关键核心技术领域,如高端芯片、关键部件、高精度传感器等,我国的专利申请基础薄弱,导致产业链上的核心环节受制于人,隐患难以消除。此外,人工智能领域的重大成果和奠基性理论,如深度学习模型,仍主要集中在美国等西方国家,我国在国际竞争中的地位有待进一步提升。

为进一步推动解决我国人工智能核心技术中的不足和短板,"十四五"规划纲要提出了一系列措施,如瞄准前沿领域,实施一批具有前瞻性、战略性的国家重大科技项目。此外,还包括制订与实施战略性科学计划和科学工程,推进科研院所、高校、企业科研力量优化配置和资源共享,以及推进国家实验室建设,重组国家重点实验室体系等。与此同时,2035年"关键核心技术实现重大突破,进入创新型国家前列"相关要求,也为我国人工智能前沿理论、核心软硬件等关键短板领域指明了未来十余年的发展方向和目标。通过对人工智能产业的专利布局以及产业技术的深入分析,我们能够清晰地看到我国与国际水平在专利布局上存在差距。因此,未来产业链关键环节的技术研发和知识产权布局将成为我国创新链发展的主要方向。我们将持续加强人工智能领域的专利布局,实现应用层专利成果的转化,着力突破算法、平台等环节的专利布局瓶颈。

11.2 构筑我国人工智能高价值专利培育体系和引导机制，推进人工智能双链高质量增长

从"卡脖子"问题可以认识到，进口替代、单点超越无法形成真正的产业闭环，更不能满足于人工智能这种战略性颠覆性产业的发展需要。因此，推进人工智能高价值专利生态培育是自主可控的必然选择。培养这一生态需要关注如何协作，建立整体知识产权优势；需要关注营建文化，加速高价值技术专利许可和转移；同时也需要分析科技发展，研判弯道，先行开展创新布局。首先，需要强化制度设计。建议建立政府主导，行业协会、领军企业、高校专家等共同参与的人工智能知识产权联席研究机制，进一步加强政策引导和路径规划。通过跟踪技术前沿，调研产业动态，查找并解决人工智能技术创造、保护及运用的多维度问题，将高价值专利培育贯穿于关键技术专利的申请、审查、评估、运营以及侵权追责等各个阶段，真正使知识产权成为人工智能技术软实力的核心要素，实现以高水平创新赋能高质量发展的最优态势。其次，需要加强高价值专利池建设。在中国专利保护协会的支持下，由百度公司牵头，联合阿里巴巴、蚂蚁科技、商汤科技、快手、魅族等企业共同发起建立人工智能产业专利池。专利池的建设将加速技术转移与溢出，促进高价值专利实现，对推动产业高质量发展产生积极影响。为进一步提升服务，有必要扩展服务和协作范畴，建立覆盖更广、机制多元的人工智能知识产权协会。最后，需要加强开源协作平台建设。基于人工智能快速迭代、协作创新的特性，建议在现有开源框架基础上，集合政府、高校、科研机构和领军企业等多方力量，进一步完善形成权责清晰、标准规范的开源共享协

作平台。通过学术和市场双驱模式，进一步激发人工智能技术的赋能能力，促进产业跨界融合、交叉创新，营造开放的产业创新生态，形成产业爆发增长的多边网络效应。

11.3 人工智能与其他信息技术持续融合发展，人工智能知识产权生态有待进一步建设

当前，人工智能技术与5G、云计算和大数据的融合已成为推动数字经济发展的重要动能源泉，未来将进一步与其他数字技术相互碰撞，产生全新的科技驱动力。例如，与量子计算结合可以极大地提高数据生成、存储和分析效率，增强机器学习的能力；将人工智能应用于VR/AR中可以提高目标识别的准确性，增强虚拟体验的真实感，人工智能与区块链的结合能够以去中心化的方式组织和维护大量数据，实现全球范围内更大规模、更高质量、可控制权限、可审计的人工智能数据标注平台。

为更好地推动人工智能与各领域前沿技术的融合，提升我国各领域技术已有成果的使用效率，推动人工智能商业落地走在国际前列，地方政府和人工智能领域的创新主体通过开源平台、人工智能知识产权运营平台建设等，构建人工智能技术开放生态，推动科研与技术突破、交叉创新和产业落地，提供全方位的算法与平台支撑。自2017年以来，百度公司先后建设飞桨、阿波罗等开源平台；2020年，华为公司构建开源框架MindSpore；2022年，上海人工智能实验室发布全新的人工智能开源开放体系"OpenXlab浦源"；百度公司牵头建设的人工智能知识产权运用平台初见成效，基于这些平台积累沉淀的新技术和专利，能够与产业链上下游其他企业深度融合，通过政产学

研协同创新，高效地应用人工智能技术。

我国人工智能知识产权生态建设进程正在为行业发展贡献积极作用。例如，百度飞桨已经和包括百度昆仑芯、华为昇腾、英特尔、英伟达在内的22家国内外硬件厂商合作，完成了31种芯片的适配和优化，帮助企业提升效率。同时，建立了中国人工智能专利池、人工智能产业协同创新发展平台、中国专利保护协会人工智能专业委员会等合作机制，推动AI专利开放许可和技术落地应用，维护开源生态健康发展。

可以预见，今后，随着人工智能技术进一步扩展，与其他前沿技术进一步融合，以及技术的应用落地，知识产权生态将进一步完善，人工智能开源平台的快速发展将成为我国引领世界人工智能技术发展的引擎。

11.4 中小企业有望成为突破关键技术的重要力量，大中小企业共同完善产业链专利布局

中小企业是我国经济发展的重要组成部分，也在推动产业链和供应链的发展中扮演着关键角色。当前，人工智能领域涌现出大量中小型的"专精特新"企业，它们密切关注市场需求，创新活力十足。这些企业具备一定水平的研发能力和拥有一定数量的有效发明专利，也有意识地在逐步布局高价值专利，有望在全球人工智能创新链中扮演关键角色。然而，由于规模小、资金有限、应变能力不足等固有问题，它们难以在专利竞争中占据优势地位，创新能力还需进一步激活。与此同时，在人工智能领域拥有更多技术优势的大企业正通过建立开源知识产权合规体系、加大专业AI人才培养力度、提高知识产权保护意识等措施，逐渐构建强大的知识产权实力和完善的保护机制。为了实

现人工智能产业链的专利布局，大中小企业需要打破边界，共同推动创新要素的优化配置。需要加强各类创新主体之间的联动，实现创新链与产业链的协同布局，提升创新的整体效能。

中小"专精特新"企业需要长期的积累。有些企业在一个领域耕耘多年，专注于打磨一项技术。但同时，它们也需要产业的支持。很多新技术、新材料虽然很好，但很难找到应用场景。为此，需要通过搭建平台，帮助这些中小企业与产业和大型企业对接。引导大型企业向中小"专精特新"企业开放品牌、设计研发能力、仪器设备、试验场地等各类创新资源要素，共享产能资源，加强对中小企业创新的支持。此外，还应鼓励大型企业联合中小"专精特新"企业制定和完善人工智能领域的国家标准和行业标准，积极参与国际标准化活动。在此基础上，大型企业与中小"专精特新"企业可以不断加强在知识产权领域的合作。大型企业拥有数量众多的专利，而中小"专精特新"企业可能有更高质量的专利。这种合作可以充分融合双方的优势，共同完善人工智能产业链的专利布局。

11.5 创新链产业链深度融合，专利运用不断开辟人工智能新领域新赛道

人工智能技术的迅速发展意味着技术生命周期相对较短。因此，将人工智能领域的高价值专利转化为实际生产力，促进创新主体，特别是高校和科研院所的高质量技术转移，既是知识产权保护的"最大激励"，也是助力高质量发展的"关键增量"。以美国斯坦福大学为例，其高达25%的专利技术被许可或转让给企业（而我国目前只有约8%），成功孵化了惠普、谷歌、思科

等科技巨头和优秀企业，甚至间接促成了硅谷的形成。反过来，这些成功企业又通过大量捐款回馈学校，形成了良性的"产学研融合"模式。因此，我们在加强知识产权保护的同时，应建立政府和协会的居中协调机制，积极促进高校、科研院所与企业之间的信任纽带，做好上下衔接与横向协调，深度和专注地进行高价值专利的合作转让与交叉许可。这样一来，真正将技术专利落实到需求方，释放科研成果的价值，为高质量发展打造一个新的引擎。

新一代人工智能产业应用的驱动特征日益明显，从生产方式的智能化改造，生活水平的智能化提升，到社会治理的智能化升级，都对新一代人工智能技术、产品、服务及解决方案有着强烈需求。当前，新一代人工智能技术正加速在各行业深度融合和落地应用，推动经济社会从数字化、网络化向智能化跃升。目前，人工智能创新链的产业化应用主要集中在智慧城市、智慧交通、智慧医疗、智慧金融、智慧工业和智慧教育等应用场景中。从技术应用的成熟度来看，不同的 AI 技术在不同场景的应用中呈现出阶梯式发展的趋势。从创新链主要创新主体的应用场景分布上看，智慧工业是当前各创新主体主要布局的应用场景，专利申请数量达到 65 万余件，是当前上述七个场景中发展最为成熟的一个，其次就是智慧金融，专利申请数量为 30 万余件。其中也涌现出"海淀城市大脑""灵医智惠 AI 医疗品牌""智慧交通解决方案 TrafficGo2.0""普惠金融人工智能开放平台"等众多优秀实践案例，推动高端智能技术与行业的融合发展，提升我国公共服务智能化水平和服务能力，为智能经济发展和智慧社会建设提供有力支持。

虽然人工智能技术在智慧农业、智慧医疗等技术应用场景中尚未完全落地与生根，但我国人工智能技术和产业的融合发展正处于关键时刻，它们是未来产业发展的潜力优势应用场景，关系到国家民生稳定的重点应用场景。从政府层面来看，应集中资源，以自身产业优势为基础，制定有针对性的人工智能产业发展规划或扶持政策。例如，将人工智能产业链纳入重点培育目录，并设立理论突破、原创算法、应用范围和产业落地等评价指标，构建人工智能不断创新的良性"内循环"体系。

11.6 增强知识产权预警意识，维护我国人工智能创新链产业链安全发展

在技术竞争中，知识产权的重要性日益凸显。特别是在人工智能领域，高价值专利成为巨头阻击竞争对手的关键武器。美国人工智能国家安全委员会主席埃里克·施密特曾指出，与核竞争不同，人工智能竞争更多地由创新企业、高校和科研机构推动。在当前国际形势下，我国人工智能领域同样面临复杂的侵权风险和维权需求。短期来看，我们需要加强人工智能知识产权合规体系建设，引导并服务企业、高校和科研院所开展知识产权风险防控。具体措施包括在知识产权实施、许可和转让中开展调查与评估，降低纠纷风险。中期来看，我们应将技术攻关与高价值专利紧密结合，统筹规划。从源头提升攻防起点，增强人工智能知识产权工作的抗外部打击能力和反制能力。这需要在竞争中不断成长锻炼，确保技术领先地位。长期来看，我们需要以国际视野做好高价值专利的战略布局，建立专利组合保护网。这包括从技术源头研判和确定专利布局的目的、需求、技术方案、保护范围和申请地域等方面进行统筹规划。我们需要抓住优势技术点，做好高价值专利布局设计，确保在长期竞争中保持优势地位。